"1+X"证书——人工智能系统平台实施指定教材

人工智能系统平台
实施中级

曙光信息产业股份有限公司
天津滨海迅腾科技集团有限公司　编著

天津大学出版社
TIANJIN UNIVERSITY PRESS

图书在版编目（ＣＩＰ）数据

人工智能系统平台实施：中级／曙光信息产业股份有限公司,天津滨海迅腾科技集团有限公司编著. -- 天津：天津大学出版社,2021.7 (2022.8重印)

ISBN 978-7-5618-6989-5

Ⅰ.①人… Ⅱ.①曙… ②天… Ⅲ.①人工智能－研究 Ⅳ.①TP18

中国版本图书馆CIP数据核字(2021)第136597号

RENGONG ZHINENG XITONG PINGTAI SHISHI：ZHONGJI

出版发行	天津大学出版社
地　　址	天津市卫津路92号天津大学内（邮编：300072）
电　　话	发行部：022-27403647
网　　址	www.tjupress.com.cn
印　　刷	廊坊市海涛印刷有限公司
经　　销	全国各地新华书店
开　　本	185 mm×260 mm
印　　张	16
字　　数	399千
版　　次	2021年7月第1版
印　　次	2022年8月第2次
定　　价	59.00元

《人工智能系统平台实施中级》
编写委员会

主编

郭　庆　　曙光信息产业股份有限公司

聂为之　　天津大学

副主编

贾熹斌　　北京工业大学

李艳坡　　河北对外经贸职业学院

陈嘉兴　　河北正定师范高等专科学校

王新强　　天津中德应用技术大学

王永乐　　许昌职业技术学院

王　翔　　天津职业大学

窦珍珍　　天津滨海迅腾科技集团有限公司

刘　健　　天津滨海迅腾科技集团有限公司

徐均笑　　天津滨海迅腾科技集团有限公司

前　言

自从 AlphaGo（阿尔法狗）打遍天下棋手无对手后，人工智能迎来了飞速发展，能够广泛应用于家庭、教育、军事、宇航和工业等领域，但如何开发对应的人工智能系统成为首要问题。很多编程语言都可以用于人工智能开发，所以很难说人工智能必须用哪一种语言来开发。选择多也意味着会有优劣之分，并不是每种编程语言都能够为开发人员节省时间及精力。

本书为培养人工智能系统平台开发全面人才的教材。从不同的视角对机器学习、深度学习以及典型的项目案例进行介绍，涉及人工智能系统平台开发的各个方面，主要包括机器学习概述、Sklearn 使用、深度学习及神经网络概述、PyTorch 使用、GPU 计算、系统监控及问题处理等，让读者全面、深入、透彻地理解人工智能系统平台开发的各种知识及具体使用方法，提高实际开发水平和项目能力。全书知识点的讲解由浅入深，使每一位读者都能有所收获。

本书主要涉及 7 个项目，即数据分析、机器学习库 Sklearn、机器学习并行训练、深度学习入门、深度学习进阶、GPU 计算、容器编排工具及 Kubernetes，按照由浅入深的思路对知识体系进行编排，从数据分析、机器学习、机器学习实现、深度学习、深度学习实现、GPU 计算方式以及资源分配等方面对知识点进行讲解。

本书结构条理清晰、内容详细，每个项目都通过学习目标、学习路径、任务描述、任务技能、任务实施、任务总结、英语角和任务习题 8 个模块进行相应知识的讲解。其中，学习目标和学习路径对本项目包含的知识点进行简述，任务实施模块对本项目中的案例进行了步骤化的讲解，任务总结模块作为最后陈述，对使用的技术和注意事项进行了总结，英语角解释了本项目中专业术语的含义，使学生全面掌握所讲内容。

本书由郭庆、聂为之共同担任主编，贾熹斌、李艳坡、陈嘉兴、王新强、王永乐、王翔、窦珍珍、刘健、徐均笑担任副主编，郭庆和聂为之负责整书编排。项目一由贾熹斌、李艳坡负责编写；项目二由陈嘉兴负责编写；项目三由王新强负责编写；项目四由王永乐、王翔负责编写；项目五由窦珍珍负责编写；项目六由刘健负责编写；项目七由徐均笑负责编写。

本书理论内容简明扼要，实例操作讲解细致，步骤清晰，实现了理实结合，操作步骤后有相对应的效果图，便于读者直观、清晰地看到操作效果，牢记书中的操作步骤，使读者能够更加顺利地进行人工智能系统平台开发的相关知识的学习。

天津滨海迅腾科技集团有限公司

2021 年 6 月

目　　录

项目一　数据分析

通过对数据分析的学习,了解什么是数据分析,熟悉数据分析的基础流程,掌握使用 Python 进行数据分析的方法,掌握 Numpy 和 Pandas 两个数据分析库的使用方法,在任务实施过程中:

- 了解数据分析的基本概念;
- 熟悉 Numpy 与 Pandas 数据分析库;
- 掌握 Numpy 与 Pandas 库中函数的使用方法;
- 具有使用 Numpy 与 Pandas 库在机器学习任务中进行数据分析的能力。

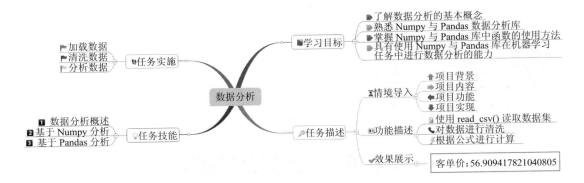

【情境导入】

随着信息时代的发展,各行业都开始保存经营或其他类型的数据,为了能够更好地帮助管理者作出管理企业的相关决策,对数据进行有效的分析是非常有必要的,但随着数据量的激增,数据产生过程中难免会存在不符合标准的情况,使用人工对这些数据进行筛选很复杂且容易出错,而 Numpy 和 Pandas 数据分析模块的出现给数据分析人员带来了极大的便利。本项目通过对 Numpy 和 Pandas 基础知识的学习,来完成药店销售数据分析。

【功能描述】

● 使用 read_csv() 读取数据集。
● 对数据进行清洗。
● 根据公式进行计算。

【效果展示】

通过对本项目的学习,能够使用 Pandas 与 Numpy 读取数据并对数据进行清洗和分析,效果如图 1-1 所示。

客单价: 56.909417821040805

图 1-1　效果图

技能点一　　数据分析概述

1. 什么是数据分析

数据分析是指对大量资料使用适当的统计分析方法进行分析,提取有用信息和形成结论而对数据加以详细研究和概括总结的过程。

20 世纪早期,数据分析的数学基础就已经确立了,直到计算机出现后,数据分析得到了实际操作的可能性并且得以推广,因此,也可以说数据分析是数学与计算机科学相结合的产物。

2. 数据分析在人工智能领域的应用

随着科学技术的快速发展,人类社会已经逐步进入了智慧经济的时代,利用大数据技术能够对数据进行快速准确的挖掘和分析,从而实现向信息的智能化方向发展。在大数据时代背景下,大数据技术对数据的处理速度极快,能够通过大数据分析快速呈现出对互联网海量数据的分析结果,从而使人工智能对数据的获取和分析更加快速、及时,提高了人工智能的效率。与传统的数据分析结果相比,大数据对数据的处理更加全面,能够从多角度对用户的真实需求进行有效分析,使分析结果更加准确,从而提升了人工智能的精确性。

技能点二　基于 Numpy 分析

1. 数学函数

Numpy 中包含的常用数学函数有 3 种,分别为算数函数、三角函数和舍入与取整函数。

算数函数主要用于数学计算,算数函数能够对元素不同、形状相同的数组进行加、减、乘、除运算,使用算数函数对数组进行计算前需要引入 Numpy 包,方法如下。

```
import numpy as np
```

算数函数如表 1-1 所示。

表 1-1　算数函数

函数	描述
np.add(arraya,arrayb)、+	两个数组之间进行加法运算,arraya 与 arrayb 代表两个数组。符号"+"同样具有 add 函数的效果
np.subtract(arraya,arrayb)、-	两个数组之间进行减法运算,arraya 与 arrayb 代表两个数组。符号"-"同样具有 subtract 函数的效果
np.multiply(arraya,arrayb)、*	两个数组之间进行乘法运算,arraya 与 arrayb 代表两个数组。符号"*"同样具有 multiply 函数的效果
np.divide(arraya,arrayb)、/	两个数组之间进行除法运算,但需要注意的是除数不能为 0,arraya 与 arrayb 代表两个数组。符号"/"同样具有 divide 函数的效果
np.reciprocal(arraya)	返回数组中各个元素的倒数,arraya 表示传入的数组
np.power(arraya,int) 或 np.power(arraya,arrayb)、**	以数组各个元素为底数,进行元素幂的计算,power 函数中第一个参数需要传入一个数组,第二个参数可以是一个整数或一个数组。符号"**"同样具有 power 函数的效果
np.mod(arraya,arrayb)	计算不同数组相应元素相除后的余数,arraya 与 arrayb 代表两个数组
np.sqrt(arraya)	进行数组中元素的开方计算,arraya 表示数组名称

三角函数主要用于对自变量(角度)和因变量(角度对应任意角终边与单位圆交点坐标

或其比值）进行运算。在使用三角函数前需要将数组中的角度值转换为弧度值，公式如下所示。

```
a = a * np.pi / 180
```

三角函数如表 1-2 所示。

表 1-2　三角函数

函数	描述
np.sin(array)	计算正弦值，array 表示包含弧度值的数组，该函数返回正弦值
np.cos(array)	计算余弦值，array 表示包含弧度值的数组，该函数返回余弦值
np.tan(array)	计算正切值，array 表示包含弧度值的数组，该函数返回正切值
np.arcsin(sin)	计算反正弦值，这里的 sin 表示一组正弦值，该函数返回弧度值
np.arccos(cos)	计算反余弦值，这里的 cos 表示一组余弦值，该函数返回弧度值
np.arctan(tan)	计算反正切值，这里的 tan 表示一组正切值，该函数返回弧度值

舍入与取整函数主要用于调整小数位数，Numpy 中提供了 3 种常用的舍入与取整函数，如表 1-3 所示。

表 1-3　舍入与取整函数

函数	描述
around(array, decimals)	四舍五入取值，array 表示元素所在的数组；decimals 表示要保留的小数位数，默认为 0，当值为负数时，则对小数点左边的位数进行近似操作
ceil(array)	向上取整取值，array 表示元素所在的数组
floor(array)	向下取整取值，array 表示元素所在的数组

下面以计算正弦值和反正弦值为例，对数学函数的使用方法进行讲解，代码 CORE0101 如下所示。

```
代码 CORE0101
import numpy as np
# 定义数组
a = np.array([12,18,30,90,50,65,87])
# 弧度转化
a = a * np.pi / 180
# 正弦值
sin=np.sin(array)
print('正弦值')
```

```
print (sin)
# 反正弦值
arcsin=np.arcsin(sin)
print('反正弦值')
print(arcsin)
```

结果如图 1-2 所示。

```
正弦值
[0.20791169 0.30901699 0.5        1.         0.76604444 0.90630779
 0.99862953]
反正弦值
[0.20943951 0.31415927 0.52359878 1.57079633 0.87266463 1.13446401
 1.51843645]
```

图 1-2 正弦值与反正弦值

2. 统计函数

Numpy 的统计函数可以实现对整个数组或者是沿着数组轴方向的统计计算,常用的统计函数有最大值、最小值、求和、乘积、平均值、方差、标准差、中位数等,如表 1-4 所示。下面分别对以上函数进行讲解。

表 1-4 统计函数

类型	函数	描述
最大值与最小值	max()	数组中的元素沿指定轴的最大值
	min()	数组中的元素沿指定轴的最小值
	maximum()	接收两个数组,返回一一对应的最大值
	minimum()	接收两个数组,返回一一对应的最小值
	ptp()	最大值与最小值的差
求和与乘积	sum()	求和
	cumsum()	累积的和
	prod()	乘积
	cumprod()	累积的乘积
平均值	mean()	算术平均值,简称均值,通过指定轴的方向能够沿指定方向进行均值计算
	average()	加权平均值,该函数在使用时需要指定权重参数,当不使用该参数时,average() 函数计算效果与 mean() 函数相同
方差与标准差	var()	方差,用于表示每个元素与所有元素的平均数值之差平方值的算术平均值,也可通过函数组合方式实现:variance = np.mean(np.power((x-np.mean(x)),2))
	std()	标准差,用于表示数据分布程度,也可通过函数组合方式实现:standard-deviation = np.sqrt(np.mean(np.power((x-np.mean(x)),2)))
中位数	median()	中位数

统计函数同为 Numpy 中提供的用于进行数据分析的函数,使用方式与数学函数不尽相同,首先需要引入 Numpy 包才能够使用,根据函数的要求传入对应的参数就能够完成特定的数据分析任务,上述函数的语法格式如下所示。

```
import numpy as np
np.max(a)
np.min(a)
np.maximum(a,b)
np.minimum(a,b)
np.ptp(a,axis)
np.sum(a,axis,dtype)
np.cumsum(a,axis,dtype)
np.prod(a,axis,dtype)
np.cumprod(a,axis,dtype)
np.mean(a,axis)
np.average(a,axis,weights,returned)
np.var(a)
np.std(a)
np.median(a,axis)
```

上述函数中 max()、min()、var() 和 std() 中的参数相同,参数说明如表 1-5 所示。

表 1-5　max()、min()、var()、std() 函数的参数说明

参数	说明
a	数组

上述函数中 maximum () 和 minimum () 中的参数相同,参数说明如表 1-6 所示。

表 1-6　maximum()、minimum() 函数的参数说明

参数	说明
a	数组
b	数组

上述函数中 ptp ()、mean () 和 median() 中的参数相同,参数说明如表 1-7 所示。

表 1-7　ptp()、mean() 和 median() 函数的参数说明

参数	说明
a	数组
axis	指定轴,默认为 None,从全部元素中获取,当值为 0 时,按列获取;当值为 1 时,按行获取。在使用时,参数名称可省略

上述函数中 sum()、cumsum()、prod()、cumprod() 中的参数相同,参数说明如表 1-8 所示。

表 1-8　sum()、cumsum()、prod()、cumprod() 函数的参数说明

参数	说明
a	数组
axis	指定轴,默认为 None,从全部元素中获取,当值为 0 时,按列获取;当值为 1 时,按行获取。在使用时,参数名称可省略
dtype	设置返回结果的元素类型

上述函数中 average() 的参数说明如表 1-9 所示。

表 1-9　average() 函数的参数说明

参数	说明
a	数组
axis	指定轴,默认为 None,从全部元素中获取,当值为 0 时,按列获取;当值为 1 时,按行获取。在使用时,参数名称可省略
weights	与给定数组相关联的权重数组,当权重数组与给定数组形状不同时,必须使用 axis 参数
returned	默认值为 False,当值为 True 时,获取权重的和

下面通过统计学生成绩的案例来讲解统计函数的使用方法。根据给出的学生成绩数据,计算最高成绩、最低成绩、中等成绩和平均成绩,学生成绩数据如图 1-3 所示(每列数据间使用"/t"作为分隔符)。

```
ID      Name    Math    Bigdata
20211   振明    25      19
20212   香红    38      98
20213   王磊    100     99
20214   王月    100     97
20215   旺旺    98      75
20216   孙鹏    78      25
20217   王小米  78      98
20218   李明    100     24
20219   李艳    58      78
20220   李静    98      99
20221   李苗苗  99      78
20222   张金晶  92      78
20223   王金鑫  93      85
```

图 1-3　学生成绩数据

首先加载学生成绩数据并获取第三列和第四列数据,在获取时需要去掉字段名,最后合并获取到的数据代码 CORE0102,如下所示。

```
代码 CORE0102
# 导入 numpy 模块
import numpy as np
# loadtxt() 方法提取数据
data=np.loadtxt("student.txt",dtype=str,encoding='utf-8')
# 获取三列数据,转换数据类型并转换格式
Math=data[1:][...,2].astype(int).reshape(len(data[1:]),-1)
# 获取四列数据,转换数据类型并转换格式
Bigdata=data[1:][...,3].astype(int).reshape(len(data[1:]),-1)
# 合并第三、四列数据
newdata1=np.hstack((Math,Bigdata))
# 查看合并后的数据
print(newdata1)
```

合并数据结果如图 1-4 所示。

```
[[ 25  19]
 [ 38  98]
 [100  99]
 [100  97]
 [ 98  75]
 [ 78  25]
 [ 78  98]
 [100  24]
 [ 58  78]
 [ 98  99]
 [ 99  78]
 [ 92  78]
 [ 93  85]]
```

图 1-4　合并数据结果

分别获取最高成绩、最低成绩、中等成绩和平均成绩,代码 CORE0103 如下所示。

```
代码 CORE0103
# 最高成绩
highest_Grade=np.amax(newdata1,0)
print(Course_highest_Grade)
# 最低成绩
lowest_Grade=np.amin(newdata1,0)
print(Course_lowest_Grade)
# 中等成绩
medium_Grade=np.median(newdata1,0)
print(Course_medium_Grade)
```

```
# 平均成绩
average_Grade=np.mean(newdata1,0)
print(Course_average_Grade)
```

成绩统计结果如图 1-5 所示。

```
最高乘成绩为:
[100  99]
最低成绩为:
[25 19]
中等成绩为:
[93. 78.]
平均成绩为:
[81.30769231 73.30769231]
```

图 1-5　成绩统计结果

技能点三　基于 Pandas 分析

1. 数据表获取

无论使用何种工具,在进行数据分析前都需要加载或读取数据,Pandas 也是一样,Pandas 中最为常见的数据格式是 csv 和 xlsx 本地数据文件,读取的结果会返回一个 Pandas 对象,之后使用 Pandas 对象进行数据分析,Pandas 中常用的文件内容获取方法如表 1-10 所示。

表 1-10　Pandas 中常用的文件内容获取方法

函数	描述
read_csv()	从 csv 文件导入数据
read_excel()	从 excel 文件导入数据

read_csv() 函数的语法格式如下所示。

```
# read_csv() 语法格式
read_csv(filepath_or_buffer, sep, header, prefix, dtype, encoding, converters,
skipinitialspace, na_values, na_filter)
```

read_csv() 函数的参数说明如表 1-11 所示。

表 1-11　read_csv() 函数的参数说明

参数	说明
filepath_or_buffer	文件路径

参数	说明
sep	分隔符设置,默认值为','
header	数据开始前的列名所占用的行数
prefix	自动生成的列名编号的前缀
dtype	指定列的数据类型
encoding	指定编码
converters	设置指定列的处理函数,可以用"序号""列名"进行列的指定
skipinitialspace	忽略分隔符后面的空格
na_values	空值定义
na_filter	检测空值,值为 False 时可以提供大文件的读取性能

read_excel() 函数的语法格式如下所示。

```
# read_excel() 语法格式
read_excel(io, sheet_name, header, skiprows, skip_footer, index_col, names, dtype)
```

read_excel() 函数的参数说明如表 1-12 所示。

表 1-12　read_excel() 函数的参数说明

参数	说明
io	文件路径
sheet_name	指定表单名称
header	数据开始前的列名所占用的行数
skiprows	省略指定行数的数据
skip_footer	省略从尾部数的指定行数的数据
index_col	指定列为索引列
names	指定列的名字
dtype	指定列的数据类型

通过加载学生成绩数据讲解上述两个方法,代码 CORE0104 如下所示。

```
代码 CORE0104

import pandas as pd
csv_data = pd.read_csv('student.csv',encoding='gb18030')
print(csv_data)
xlsx_data =pd.read_excel('student.xlsx')
# 输出内容 s
print (xlsx_data)
```

读取结果如图 1-6 和图 1-7 所示。

	ID	Name	Math	Bigdata
0	20211	振明	25	19
1	20212	香红	38	98
2	20213	王磊	100	99
3	20214	王月	100	97
4	20215	旺旺	98	75
5	20216	孙鹏	78	25
6	20217	王小米	78	98
7	20218	李明	100	24
8	20219	李艳	58	78
9	20220	李静	98	99
10	20221	李苗苗	99	78
11	20222	张金晶	92	78
12	20223	王金鑫	93	85

图 1-6　读取 csv 文件结果

	ID	Name	Math	Bigdata
0	20211	振明	25	19
1	20212	香红	38	98
2	20213	王磊	100	99
3	20214	王月	100	97
4	20215	旺旺	98	75
5	20216	孙鹏	78	25
6	20217	王小米	78	98
7	20218	李明	100	24
8	20219	李艳	58	78
9	20220	李静	98	99
10	20221	李苗苗	99	78
11	20222	张金晶	92	78
12	20223	王金鑫	93	85

图 1-7　读取 excel 文件结果

2. 统计函数

Pandas 从功能上与 Numpy 相似,同样包含了一组用于进行数学统计的方法,能够完成数据汇总统计。Pandas 中的统计函数能够从 Series 中获取单个值,或者从 DataFrame 类型的数据中获取一个 Series。与 Numpy 相比,Pandas 是基于没有缺失值的数据而构建的,常用的统计函数如表 1-13 所示。

表 1-13　统计函数

函数	描述
count()	求非空观测数量函数
sum()	求和函数
mean()	求平均值函数
std()	求标准偏差函数
max()	求最大值函数
min()	求最小值函数
abs()	求绝对值函数

统计函数的语法格式如下所示。

```
import pandas as pd
df.count(axis)
df.sum(axis)
df.mean(axis)
df.std(axis)
df.max(axis)
df.min(axis)
df.abs()
```

上述函数中除 abs() 外均包含了同样的参数,该参数说明如表 1-14 所示。

表 1-14　统计函数的参数说明

参数	说明
axis	指定轴,默认为 None,从全部元素中获取,当值为 0 时,按列获取;当值为 1 时,按行获取。在使用时,参数名称可省略

下面以 sum() 函数为例讲解统计函数的使用方法,代码 CORE0105 如下所示。

```
代码 CORE0105
import pandas as pd
df=pd.DataFrame({
"math":[98,78,85,46,60],
"English": [100,98,88,78,71]
})
print('按列求和')
print(df.sum())
print('按行求和')
print(df.sum(axis=1))
```

求和结果如图 1-8 所示。

```
按列求和
math       367
English    435
dtype: int64
按行求和
0    198
1    176
2    173
3    124
4    131
dtype: int64
```

图 1-8　求和结果

3. 聚合函数

Pandas 提供了一个高效简单的分组函数 groupby()，该函数能够以一种自然的方式对数据集进行切片、切块、摘要等操作。一般在对数据进行了分组后，还会对数据进行聚合计算，常用的聚合函数包括 apply()、agg() 和 transform()。其中 apply() 函数是一个自由度较高的函数，主要能够通过分组规则和符合规则元素的计算方法，实现数据的分组计算。apply() 函数的语法格式如下所示。

```
# 导入模块
import pandas as pd
# 透视表创建
DataFrame.apply(func, axis=0)
```

apply() 函数的参数说明如表 1-15 所示。

表 1-15　apply() 函数的参数说明

参数	说明
func	要传入的计算函数，计算函数可自行编写或使用内置函数
axis	指定轴，默认为 None，从全部元素中获取，当值为 0 时，按列获取；当值为 1 时，按行获取。在使用时，参数名称可省略

apply() 函数中包含的内置函数如表 1-16 所示。

表 1-16　apply() 函数中包含的内置函数

内置函数	描述
max	最大值
min	最小值
sum	和
len	个数
mean	平均值

内置函数	说明
square	平方
std	标准差
var	方差
median	中位数

apply() 函数的内置函数包含在 Numpy 中,在使用前需要引入 Numpy 包。

agg() 函数能够通过自定义函数或内置函数实现对数据以单列、多列、多聚合的方式进行运算,agg() 函数不具备分组功能,需要与 groupby() 函数结合使用,agg() 函数的语法格式如下所示。

```
# 导入模块
import pandas as pd
DataFrame.agg (func, axis)
DataFrame.groupby().agg('func')
DataFrame.groupby().agg(['func', 'func',...])
DataFrame.groupby().agg({' 字段 ':'func',' 字段 ':['func', 'func',...]})
```

agg () 函数的参数说明如表 1-17 所示。

表 1-17　agg() 函数的参数说明

参数	说明
func	传入的函数(自定义函数或 Python 内置函数),在 groupby() 函数之后使用时,必须使用内置函数
axis	传入的数据,0:行数据,默认值。1:列数据

agg () 函数中包含的内置函数如表 1-18 所示。

表 1-18　agg() 函数中包含的内置函数

内置函数	描述
max	最大值
min	最小值
sum	总和
count	数量
mean	平均值
square	平方

续表

内置函数	描述
std	标准差
var	方差
median	中位数

transform() 函数是一类比较常用的函数,通过该函数能够将单个或多个函数的处理过程作用到数据的每一列上,返回数据的结构与输入数据的结构一致。transform() 函数与 agg() 函数的区别在于 agg() 函数会将计算后的值传递给分组后的数据,而 transform() 函数会在聚合后将值传递给原数据,并且, transform() 函数只能够使用在 groupby() 函数后对一列数据进行操作。transform() 函数的语法格式如下所示。

```
# 导入模块
import pandas as pd
DataFrame.transform(func, axis)
DataFrame.groupby().transform('func')
```

transform () 函数的参数说明如表 1-19 所示。

表 1-19　transform() 函数的参数说明

参数	说明
func	传入的函数(自定义函数或 Python 内置函数),在 groupby() 函数之后使用时,必须使用内置函数
axis	传入的数据,0:行数据,默认值。1:列数据

transform() 函数中的内置函数与 agg() 函数中的内置函数一致,请参考表 1-18。

apply()、agg() 和 transform() 函数虽然看起来功能相似,但输出类型不同,apply()、agg() 和 transform() 函数的差异如下所示。

● agg() 输出的是缩减后的标量(或者标量列表)。

● transform() 输出的是原输入的 DataFrame 大小,但数据元素是经过转换的 DataFrame。

● apply() 输出的既可以是缩减后的标量,也可以是 Pandas 对象。

使用 apply()、agg() 和 transform() 函数实现数据聚合,代码 CORE0210(1)和代码 CORE0210(2)如下所示。

```
代码 CORE0210(1)

import pandas as pd
#apply() 函数使用
```

```
df=pd.DataFrame({'sex':['F','F','M','F','M','M','F'],'age':[21,25,28,20,27,24,26],
'weight':[120,110,170,130,150,130,150]})
    # 原数据
    print(df)
    # 自定义函数
    def fat(one_row):
        # 男性
        if one_row['sex']=='M':
            return one_row['weight']*0.21
        # 女性
        if one_row['sex']=='F':
            return one_row['weight']*0.34
    # 使用 apply() 函数调用 fatt 函数
    df.apply(fat,axis=1)
    #agg() 函数使用
    import pandas as pd
    df=pd.DataFrame({'sex':['F','F','M','F','M','M','F'],'age':[21,25,28,20,27,24,26],
'height':[155,160,170,154,180,185,150]})
    # 原数据
    print(df)
    # 聚合结果
    df.groupby(['sex']).agg({'age':['sum','mean'],'height':['min','max']})
    # transform() 函数使用
    df.groupby(['sex']).transform('mean')
```

apply() 函数的使用结果如图 1-9 所示。

```
   sex  age  weight
0   F    21    120
1   F    25    110
2   M    28    170
3   F    20    130
4   M    27    150
5   M    24    130
6   F    26    150

0    40.8
1    37.4
2    35.7
3    44.2
4    31.5
5    27.3
6    51.0
dtype: float64
```

图 1-9　apply() 函数的使用结果

```
代码 CORE0210（2）

# agg() 函数使用
import pandas as pd
df=pd.DataFrame({'sex':['F','F','M','F','M','M','F'],'age':[21,25,28,20,27,24,26],
'height':[155,160,170,154,180,185,150]})
# 原数据
print(df)
# 聚合结果
df.groupby(['sex']).agg({'age':['sum','mean'],'height':['min','max']})
# tramsform() 函数使用
df.groupby(['sex']).transform('mean')
```

agg() 函数和 transform() 函数的使用结果如图 1-10 所示。

```
   sex  age  height
0   F    21    155
1   F    25    160
2   M    28    170
3   F    20    154
4   M    27    180
5   M    24    185
6   F    26    150
```

	age	height
0	23.000000	154.750000
1	23.000000	154.750000
2	26.333333	178.333333
3	23.000000	154.750000
4	26.333333	178.333333
5	26.333333	178.333333
6	23.000000	154.750000

图 1-10　agg() 函数（上）与 transform() 函数（下）的使用结果

4. 透视表与交叉表

透视表与交叉表主要用于探究两个变量之间的关系，是 Pandas 的数据分析方式之一。其中，数据透视表是一种具有大量数据的交互式数据表，能够进行指定的计算和分析，所进行的计算与数据在数据透视表中的排列有关。数据透视表能够动态地改变版面的布置，可以使用不同方式完成数据分析，其中，行号、列标和字段都可以重新排列，每次改变版面布置后，数据透视表会立即按照新版面重新计算数据。Pandas 提供 pivot_table() 函数实现透视表的创建，语法格式如下所示。

```
# 导入模块
import pandas as pd
# 透视表创建
pd.pivot_table(data,index=None,columns=None,values=None,aggfunc='mean')
```

pivot_table() 函数的参数说明如表 1-20 所示。

agg func 参数常用参数值如表 1-20 所示。

表 1-20　pivot_table( ) 函数的参数说明

参数值	说明
max	最大值
min	最小值
sum	总和
mean	平均值
std	标准差
var	方差
median	中位数

　　交叉表是一种矩阵格式表格,利用交叉表,数据可以非常直观明了地显示在行和列中,这种格式易于比较数据并辨别其趋势。交叉表由行、列和汇总字段 3 个部分组成,交叉表中的行沿水平方向延伸,即从一侧到另一侧。交叉表中的列沿垂直方向延伸,即由上至下。汇总字段位于行和列的交叉处,每个交叉处的值代表既满足行条件又满足列条件记录的汇总,如求和、计数等。交叉表如图 1-11 所示。

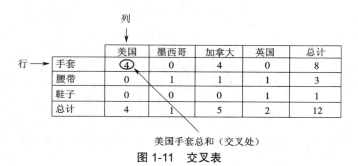

图 1-11　交叉表

　　交叉表被广泛用于调查研究、商业智能、工程和科学研究,其提供了两个变量之间的相互关系的基本画面,可以帮助开发人员发现它们之间的相互作用。Pandas 提供 crosstab() 函数实现交叉表的创建,语法格式如下所示。

```
# 导入模块
import pandas as pd
# 交叉表创建
pd.crosstab(index,columns,values=None,rownames=None,colnames=None,aggfunc=None)
```

crosstab() 函数的参数说明如表 1-21 所示。

表 1-21　crosstab() 函数的参数说明

参数	说明
index	行分组键
columns	列分组键，默认值为 None
rownames	行名称，默认值为 None
colnames	列名称，默认值为 None
aggfunc	汇总方式，默认值为 None，与 pivot_table() 函数中 aggfunc 参数值（表 1-20）相同

分别使用 pivot_table() 函数和 crosstab() 函数实现透视表和交叉表的创建，代码 CORE0210 如下所示。

```
代码 CORE0210
# 导入模块
import pandas as pd
# 定义数据
df = pd.DataFrame({'类别':['水果','水果','水果','蔬菜','蔬菜','肉类','肉类'],
        '产地':['美国','中国','中国','中国','新西兰','新西兰','美国'],
        '水果':['苹果','梨','草莓','番茄','黄瓜','羊肉','牛肉'],
        '数量':[5,5,9,3,2,10,8],
        '价格':[5,5,10,3,3,13,20]})
# 创建透视表
df.pivot_table('价格',index='产地',columns='类别',aggfunc='max')
# 创建交叉表
pd.crosstab(df['类别'],df['产地'])
```

透视表和交叉表如图 1-12 和图 1-13 所示。

类别 产地	水果	肉类	蔬菜
中国	10.0	NaN	3.0
新西兰	NaN	13.0	3.0
美国	5.0	20.0	NaN

图 1-12　透视表

产地 类别	中国	新西兰	美国
水果	2	0	1
肉类	0	1	1
蔬菜	1	1	0

图 1-13　交叉表

5. 数据清洗

数据清洗是指对原数据的格式、数据类型、列名等进行修改，还可以对空值进行填充，提高数据分析的准确率和效率。而 Pandas 中，根据数据清洗的内容提供了相应的清洗操作方法，Pandas 中包含的部分数据清洗方法如表 1-22 所示。

表 1-22　数据清洗方法

函数	描述
fillna()	填充空值
astype()	更改数据格式,括号中直接填充到类型
rename()	更改行和列名称
drop_duplicates()	删除重复值
replace()	数据替换

上述函数的语法格式如下所示。

```
fillna(value=None, method=None, axis=None, inplace=False, limit=None)
astype(dtype)
rename(index=None, columns=None, axis=None, copy=True, inplace=False)
drop_duplicates(subset=None, keep='first', inplace=False)
replace(to_replace=None, value=None, inplace=False, limit=None)
```

上述函数的参数说明如表 1-23 至表 1-26 所示。

表 1-23　fillna() 函数的参数说明

参数	说明
method	定义填充规则,该参数包含 3 个填充规则, pad/ffill 表示用前一个非缺失值去填充该缺失值,backfill/bfill 表示用下一个非缺失值填充该缺失值,None 指定一个值替换缺失值
axis	修改填充方向,当值为 0 时,按列获取;当值为 1 时,按行获取
inplace	是否修改原数据,默认不修改,该参数包含两个值,True 表示修改原数据,False 表示创建一个副本,修改副本不修改原数据
limit	限制填充个数

表 1-24　rename() 函数的参数说明

参数	说明
index	定义索引值的修改内容
columns	定义列名称的修改内容
axis	指定修改索引值还是列名称
copy	是否复制底层数据,默认为 True
inplace	是否修改原数据,默认为 False,不修改

表 1-25　drop_duplicates() 函数的参数说明

参数	说明
subset	指定需要去重的列，默认为所有列
keep	删除条件的设置，包含 3 个条件，first 表示删除重复项并保留第一次出现的项，为默认值；last 表示删除重复项并保留最后一次出现的项；False 表示删除全部重复项
inplace	是否修改原数据，默认为 False，不修改

表 1-26　replace() 的参数说明

参数	说明
to_replace	定义如何查找将被替换的值，可以是字符串、正则表达式、字典等
value	用于替换的值，可以是标量、字典、列表、str、正则表达式
inplace	是否修改原数据，默认为 False，不修改
limit	向前或向后填充的最大尺寸间隙

通过以下两个步骤可以使用上述函数完成数据清洗。

第一步：通过使用 fillna() 函数进行缺失值填充，代码 CORE0210 如下所示。

```
代码 CORE0210

# 引入 pandas
import pandas as pd
from numpy import nan as NaN
# 创建二维数组
DataFrame = pd.DataFrame([[1,2,3],[NaN,NaN,2],[NaN,NaN,NaN],[8,8,NaN]])
print('用常数填充')
print (DataFrame.fillna(100))
print('修改原数据填充')
DataFrame.fillna(0,inplace=True)
print (DataFrame)
print('用前一个非缺失值去填充该缺失值')
print (DataFrame.fillna(method='ffill'))
print('只填充 2 个')
print (DataFrame.fillna(method='bfill', limit=2))
print('指定按行填充,只填充第一个')
print (DataFrame.fillna(method="ffill", limit=1, axis=1))
```

fillna() 函数缺失值填充结果如图 1-14 所示。

```
用常数填充
             0      1      2
0    1.0    2.0    3.0
1  100.0  100.0    2.0
2  100.0  100.0  100.0
3    8.0    8.0  100.0
修改原数据填充
       0    1    2
0    1.0  2.0  3.0
1    0.0  0.0  2.0
2    0.0  0.0  0.0
3    8.0  8.0  0.0
用前一个非缺失值去填充该缺失值
       0    1    2
0    1.0  2.0  3.0
1    0.0  0.0  2.0
2    0.0  0.0  0.0
3    8.0  8.0  0.0
只填充2个
       0    1    2
0    1.0  2.0  3.0
1    0.0  0.0  2.0
2    0.0  0.0  0.0
3    8.0  8.0  0.0
指定按行填充，只填充第一个
       0    1    2
0    1.0  2.0  3.0
1    0.0  0.0  2.0
2    0.0  0.0  0.0
3    8.0  8.0  0.0
```

图 1-14　fillna() 函数缺失值填充结果

第二步：通过 astype() 函数、rename() 函数、drop_duplicates() 函数、replace() 函数进行数据清洗，代码 CORE0210 如下所示。

代码 CORE0210

```
# 引入 pandas
import pandas as pd
# 创建二维数组
DataFrame = pd.DataFrame({"id":[202101,'202102',202103],
"name":['guangzhou', 'guangzhou', 'shanghai']},
columns =['id','name'],index=[0,1,2])
print('原数据类型')
for x in DataFrame['id']:
    print (type(x))
print('更改后数据类型')
for x in DataFrame['id'].astype(str):
    print(type(x))
print('使用 index 和 columns 参数实现行和列内容的修改')
index_columns=DataFrame.rename(index={0:10,1:11,2:12},columns
={'id':'ID','name':'NAME'})
    print (index_columns)
```

```
print('删除重复值保留第一个')
print (DataFrame.drop_duplicates(subset='name',keep='first'))
print('修改列内容')
print (DataFrame.replace(202101,"00000"))
```

数据清洗结果如图 1-15 所示。

```
原数据类型
<class 'int'>
<class 'str'>
<class 'int'>
更改后数据类型
<class 'str'>
<class 'str'>
<class 'str'>
使用index和columns参数实现行和列内容的修改
        ID        NAME
10   202101    guangzhou
11   202102    guangzhou
12   202103    shanghai
删除重复值保留第一个
        id         name
0    202101    guangzhou
2    202103    shanghai
修改列内容
        id         name
0    00000     guangzhou
1    202102    guangzhou
2    202103    shanghai
```

图 1-15 数据清洗结果

本项目通过以下步骤使用 Numpy 实现药店销售数据的分析,对药店的销售数据进行分析,计算出月均消费次数、月均消费金额、客单价、消费趋势 4 个指标的数据。

第一步:引入 Numpy 包,加载药店销售数据集,并打印出数据大小,代码 CORE0210 如下所示。

代码 CORE0210

```
# 导入数据分析包
import pandas as pd
# 读取 csv 数据,统一先按照字符串读入,之后转换
salesDf=pd.read_csv('data.csv',dtype={'社保卡号':str,'商品编码':str})
# 查看数据大小
salesDf.shape
```

数据大小结果如图 1-16 所示。

```
(6578, 7)
```
图 1-16　数据大小结果

第二步：打印前十行数据，验证数据是否完成，确保数据读取正常，代码 CORE0210 如下所示。

代码 CORE0210
打印前十行数据 salesDf[:10]

打印前十行数据结果如图 1-17 所示。

	购药时间	社保卡号	商品编码	商品名称	销售数量	应收金额	实收金额
0	2018-01-01 星期五	1616528	236701	强力VC银翘片	6.0	82.8	69.00
1	2018-01-02 星期六	1616528	236701	清热解毒口服液	1.0	28.0	24.64
2	2018-01-06 星期三	12602828	236701	感康	2.0	16.8	15.00
3	2018-01-11 星期一	10070343428	236701	三九感冒灵	1.0	28.0	28.00
4	2018-01-15 星期五	101554328	236701	三九感冒灵	8.0	224.0	208.00
5	2018-01-20 星期三	13389528	236701	三九感冒灵	1.0	28.0	28.00
6	2018-01-31 星期日	101464928	236701	三九感冒灵	2.0	56.0	56.00
7	2018-02-17 星期三	11177328	236701	三九感冒灵	5.0	149.0	131.12
8	2018-02-22 星期一	10065687828	236701	三九感冒灵	1.0	29.8	26.22
9	2018-02-24 星期三	13389528	236701	三九感冒灵	4.0	119.2	104.89

图 1-17　打印前十行数据结果

第三步：选择要处理的数据列，这里选择购药时间、社保卡号、商品编号、商品名称四个列，代码 CORE0210 如下所示。

代码 CORE0210
subset=salesDf.loc[0:3,'购药时间':'商品名称'] subset

选择要处理的数据列结果如图 1-18 所示。

	购药时间	社保卡号	商品编码	商品名称
0	2018-01-01 星期五	1616528	236701	强力VC银翘片
1	2018-01-02 星期六	1616528	236701	清热解毒口服液
2	2018-01-06 星期三	12602828	236701	感康
3	2018-01-11 星期一	10070343428	236701	三九感冒灵

图 1-18　选择要处理的数据列结果

第四步：为了方便统计，便于阅读和理解，将购药时间更改为销售时间并显示前四行数据，代码 CORE0210 如下所示。

代码 CORE0210
# 列名和新列名对应关系
colNameDict={'购药时间':'销售时间'}
salesDf.rename(columns =colNameDict,inplace=True)
salesDf.head()

更改列名结果如图 1-19 所示。

	销售时间	社保卡号	商品编码	商品名称	销售数量	应收金额	实收金额
0	2018-01-01 星期五	1616528	236701	强力VC银翘片	6.0	82.8	69.00
1	2018-01-02 星期六	1616528	236701	清热解毒口服液	1.0	28.0	24.64
2	2018-01-06 星期三	12602828	236701	感康	2.0	16.8	15.00
3	2018-01-11 星期一	10070343428	236701	三九感冒灵	1.0	28.0	28.00
4	2018-01-15 星期五	101554328	236701	三九感冒灵	8.0	224.0	208.00

图 1-19 更改列名结果

第五步：删除数据中的缺失值，然后输出删除缺失值后的数据大小，代码 CORE0210 如下所示。

代码 CORE0210
salesDf=salesDf.dropna(subset=['销售时间','社保卡号'],how='any')
print('删除缺失值后大小',salesDf.shape)

删除缺失值后的数据大小结果如图 1-20 所示。

删除缺失值后大小 (6575, 7)

图 1-20 删除缺失值后的数据大小结果

第六步：转换数据类型，Pandas 是以字符串类型导入的数据，需要将数值型字符串转换为浮点型，代码 CORE0210 如下所示。

代码 CORE0210
salesDf['销售数量']=salesDf['销售数量'].astype(float)
salesDf['应收金额']=salesDf['应收金额'].astype(float)
salesDf['应收金额']=salesDf['实收金额'].astype(float)
print('转换后的数据类型:\n',salesDf.dtypes)

转换数据类型结果如图 1-21 所示。

```
转换后的数据类型：
  销售时间      object
  社保卡号      object
  商品编码      object
  商品名称      object
  销售数量      float64
  应收金额      float64
  实收金额      float64
dtype: object
```

图 1-21　转换数据类型结果

第七步：将字符串转换为日期类型数据，定义名为 splitSaletime 的函数，并调用它处理销售时间，最后修改销售时间这一列的值，代码 CORE0210 如下所示。

代码 CORE0210

```
def splitSaletime(timeColSer):
    timeList=[]
    for value in timeColSer:
        # 例如 2018-01-01 星期五,分割后为 2018-01-01
        dateStr=value.split(' ')[0]
        timeList.append(dateStr)
    # 将列表转行为一维数据 series 类型
    timeSer=pd.Series(timeList)
    return timeSer
# 获取 "销售时间" 这一列
timeSer=salesDf.loc[:,'销售时间']
# 对字符串进行分割,获取销售日期
dateSer=splitSaletime(timeSer)
# 修改销售时间这一列的值
salesDf.loc[:,'销售时间']=dateSer
salesDf.head()
```

转换时间格式结果如图 1-22 所示。

	销售时间	社保卡号	商品编码	商品名称	销售数量	应收金额	实收金额
0	2018-01-01	1616528	236701	强力VC银翘片	6.0	82.8	69.00
1	2018-01-02	1616528	236701	清热解毒口服液	1.0	28.0	24.64
2	2018-01-06	12602828	236701	感康	2.0	16.8	15.00
3	2018-01-11	10070343428	236701	三九感冒灵	1.0	28.0	28.00
4	2018-01-15	101554328	236701	三九感冒灵	8.0	224.0	208.00

图 1-22　转换时间格式结果

第八步：将销售时间列数据字符串型数据转换为日期型数据，并且将转换过程中不符合日期格式的数据转换为空，将空值删除，最后排序输出，代码 CORE0210 如下所示。

代码 CORE0210

salesDf.loc[:,'销 售 时 间']=pd.to_datetime(salesDf.loc[:,'销 售 时 间'],format='%Y-%m-%d',

errors='coerce')

salesDf.dtypes

将空值删除

salesDf=salesDf.dropna(subset=['销售时间','社保卡号'],how='any')

print('排序后的数据集')

salesDf.head()

排序结果如图 1-23 所示。

排序后的数据集

	销售时间	社保卡号	商品编码	商品名称	销售数量	应收金额	实收金额
0	2018-01-01	1616528	236701	强力VC银翘片	6.0	82.8	69.00
1	2018-01-02	1616528	236701	清热解毒口服液	1.0	28.0	24.64
2	2018-01-06	12602828	236701	感康	2.0	16.8	15.00
3	2018-01-11	10070343428	236701	三九感冒灵	1.0	28.0	28.00
4	2018-01-15	101554328	236701	三九感冒灵	8.0	224.0	208.00

图 1-23 排序结果

第九步:对销售数据进行排序并输出。代码 CORE0210 如下所示。

代码 CORE0210

按销售时间进行升序排列

salesDf=salesDf.sort_values(by='销售时间',ascending=True)

print('排序后的数据集')

salesDf.head()

按销售时间排序结果如图 1-24 所示。

排序后的数据集

	销售时间	社保卡号	商品编码	商品名称	销售数量	应收金额	实收金额
0	2018-01-01	1616528	236701	强力VC银翘片	6.0	82.8	69.0
3436	2018-01-01	10616728	865099	硝苯地平片(心痛定)	2.0	3.4	3.0
1190	2018-01-01	10073966328	861409	非洛地平缓释片(波依定)	5.0	162.5	145.0
3859	2018-01-01	10073966328	866634	硝苯地平控释片(欣然)	6.0	111.0	92.5
3888	2018-01-01	10014289328	866851	缬沙坦分散片(易达乐)	1.0	26.0	23.0

图 1-24 按销售时间排序结果

第十步：查询异常值，并将异常值删除，代码 CORE0210 如下所示。

```
代码 CORE0210
# 查看数据
salesDf.describe()
# 删除异常值：通过条件判断筛选出数据
# 查询条件
querySer=salesDf.loc[:,'销售数量']>0
# 应用查询条件
print('删除异常值前：',salesDf.shape)
salesDf=salesDf.loc[querySer,:]
print('删除异常值后：',salesDf.shape)
```

删除异常值前后对比结果如图 1-25 所示。

```
删除异常值前： (6575, 7)
删除异常值后： (6532, 7)
```

图 1-25　删除异常值前后对比结果

第十一步：统计月均消费次数，公式为月均消费次数 = 总消费次数 / 月份数，代码 CORE0210 如下所示。

```
代码 CORE0210
'''
总消费次数：同一天内，同一个人发生的所有消费算作一次消费
根据列名（销售时间,社区卡号），如果这两个列值同时相同，只保留 1 条，将重复的数据删除
'''
kpi1_Df=salesDf.drop_duplicates(
    subset=['销售时间','社保卡号']
)
# 总消费次数：有多少行
totall=kpi1_Df.shape[0]
print('总消费次数 =',totall)
'''
计算月份数：时间范围
'''
# 按销售时间升序排序
kpil_Df=kpi1_Df.sort_values(by='销售时间',ascending=True)
# 重命名行名（index）
kpi1_Df=kpil_Df.reset_index(drop=True)
```

```
kpi1_Df.head()
# 最小时间值
startTime=kpil_Df.loc[0,'销售时间']
startTime
# 最大时间值
endTime=kpi1_Df.loc[totall-1,'销售时间']
endTime
# 天数
daysl=(endTime-startTime).days
daysl
# 月份数:运算符 "//" 表示取整除
# 返回商的整数部分,例如 9//2 输出结果是 4
monthsl=daysl//30
print('月份数:',monthsl)
# 月均消费次数 = 总消费次数 / 月份数
kpil_l=totall//monthsl
print('业务指标 1:月均消费次数=',kpi1_l)
```

月均消费次数结果如图 1-26 所示。

```
总消费次数= 5342
月份数:  6
业务指标1:月均消费次数= 890
```

图 1-26　月均消费次数结果

第十二步:统计月均消费金额,公式为月均消费金额 = 总消费金额 / 月份数,代码
CORE0210 如下所示。

代码 CORE0210

# 总消费金额 	
totalMoneyF=salesDf.loc[:,'实收金额'].sum()
totalMoneyF
# 月均消费金额 	
monthMoneyF=totalMoneyF/monthsl
print('月均消费金额=',monthMoneyF)

月均消费金额结果如图 1-27 所示。

```
月均消费金额= 50668.35166666666
```

图 1-27　月均消费金额结果

第十三步：统计客单价，公式为客单价 = 总消费金额 / 总消费次数，代码 CORE0210 如下所示。

```
代码 CORE0210
'''
totalMoneyF:总消费金额
totall:总消费次数
'''
pct=totalMoneyF/totall
print('客单价:',pct)
```

客单价结果如图 1-28 所示。

客单价： 56.909417821040805

图 1-28　客单价结果

任务总结

本项目通过使用 Numpy 与 Pandas 实现了药店数据分析，使读者对 Numpy 的数学函数和统计函数有了一定的了解，并掌握其使用方法及 Pandas 数据清洗、数据聚合的方法和函数使用方法。

英语角

axis	轴	panel	面板
print	打印	lines	线
dtype	数据类型	lower	降低
method	方法	limit	限制

任务习题

1. 选择题

（1）下列函数中用于统计非空值数量的是（　　　）。

A. count()　　　　　　B. sum()　　　　　　C. abs()　　　　　　D. std()

（2）在对数据进行按行求和时需要指定的参数是（　　　）。

A. index=0　　　　　B. axis=0　　　　　C. index=1　　　　　D. axis=1

（3）以下不属于 read_csv() 函数的参数是（　　　）。

A. filepath_or_buffer　　B. io　　　　　C. sep　　　　　D. header

（4）下列函数中用于实现累计求和的是（　　　）。

A. sum()　　　　　B. cumsum()　　　　　C. prod()　　　　　D. cumprod()

（5）var() 函数主要用于计算（　　　）。

A. 方差　　　　　B. 标准差　　　　　C. 中位数　　　　　D. 离散值

2. 简答题

简述舍入函数与取整函数的使用。

项目二　机器学习库 Sklearn

通过对机器学习库 Sklearn 的学习，了解数据集和数据处理的相关函数，熟悉模型训练和模型评估函数的使用，掌握模型保存和加载的实现方法，具有使用机器学习库 Sklearn 搭建员工主动离职预警模型的能力，在任务实施过程中：

● 了解 Sklearn 常用数据集和数据处理函数；
● 熟悉模型训练和评估相关函数的使用方法；
● 掌握模型保存和加载函数的使用方法；
● 具有搭建员工主动离职预警模型的能力。

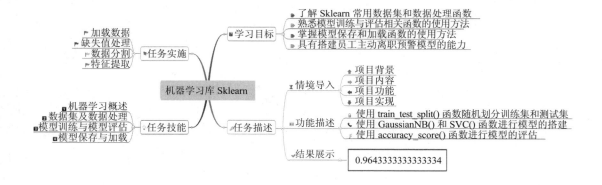

【情境导入】

目前社会上呈现出一种公司招不到人,同时大批人员失业的矛盾现象,且大部分公司的离职率居高不下,很多员工入职没多久就辞职,公司的招聘培训等资源都浪费了。为了弄清楚公司员工离职的原因,人力资源部门收集大量员工的信息数据,对离职率进行分析建模。本项目通过对机器学习库 Sklearn 相关知识的讲解,来实现对员工主动离职预警模型的搭建。

【功能描述】

● 使用 train_test_split() 函数随机划分训练集和测试集。
● 使用 GaussianNB() 和 SVC() 函数进行模型的搭建。
● 使用 accuracy_score() 函数进行模型的评估。

技能点一　机器学习概述

机器学习是一门从数据中研究算法的多领域交叉学科,主要目的是研究如何使用计算机模拟人类的学习行为,根据已有的数据或以往的经验进行算法选择、模型构建、新数据预测,并重新组织已有的数据。

1. 机器学习算法种类

机器学习的核心是一些机器学习算法,根据学习任务的不同,机器学习算法可分为三类,分别为监督学习、非监督学习和强化学习。

1)监督学习

监督学习是一种常用的机器学习算法,可以通过训练数据集建立模型,并将这个模型作为依据去推测新的实例,训练数据由输入和预期输出组成。函数的输出可以是一个连续的值(称为回归分析),也可以是一个分类标签(称为分类),监督学习提供了一个标准(监督)。如图 2-1 所示,训练集中给出了 3 种不同图形的边数,并且已经对这 3 种图形进行了分类,即 A、B、C 3 类(测试样本标签),所以图 2-1 中未知图形判断为 A 类更为合适。

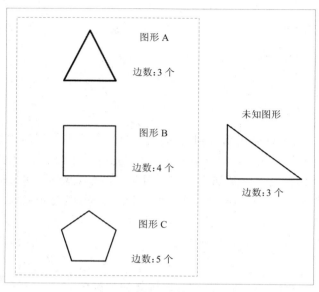

图 2-1　监督学习示例

　　监督学习中常见的 4 种算法如下。

　　● K- 近邻算法（K-Nearest Neighbors，KNN）。K- 近邻算法是一种基本的分类与回归算法，其思路为：当前存在一个样本数据集（也可称为训练集），并且每个样本集中的数据都包含标签信息，当输入无标签的数据后，会使用新数据的每个特征与样本集中的每个数据特征进行比较，通过算法计算取得相似数据的分类标签。一般来说，我们只选择样本数据集中前 K 个最相似的数据，这就是 K- 近邻算法中 K 的出处，通常 K 是不大于 20 的整数。K- 近邻算法如图 2-2 所示。

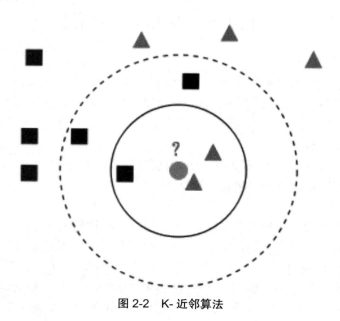

图 2-2　K- 近邻算法

● 决策树（Decision Trees）。决策树顾名思义是一个树形结构,其中包含了二叉树和非二叉树。决策树中的每一个非叶节点都能够表示一个特征属性上的测试,每个分支都代表了这个特征在某个值域上的输出,每个叶节点代表一个类别,使用决策树进行决策的过程从根节点开始,测试分类中对应的特征属性,并按照其值选择输出分支,直到到达叶子节点,将叶子节点存放的类别作为决策结果。决策树如图 2-3 所示。

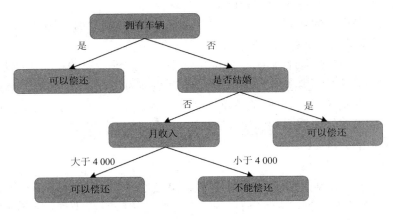

图 2-3　决策树

● 朴素贝叶斯（Naive Bayesian）算法。朴素贝叶斯算法是贝叶斯分类中应用最为广泛的分类算法之一,而贝叶斯分类是众多分类算法的总称,这些算法都是以贝叶斯算法定理为基础创建的,所以统称为贝叶斯分类。朴素贝叶斯算法中所有的变量都是相互独立的,假设各特征之间相互独立,各特征属性是条件独立的。当给出待分类项时,求解在此项出现的条件下各个类别出现的概率,哪个最大,就认为此待分类项属于哪个类别。

● 逻辑回归。逻辑回归虽被称为回归,实则是用于解决二分类问题的机器学习方法,是一种分类模型,主要用于分析事物的可能性,比如某些高风险地区人员感染病毒的可能性,或某用户通过网络购物的可能性等,逻辑回归的结果需要和其他特征值进行加权求和,所以它并不是数学上定义的"概率"。逻辑回归的本质是:假设数据服从这个分布,然后使用极大似然估计做参数估计。

2）非监督学习

非监督学习与监督学习一样,都提供了数据样本,与监督学习的区别是非监督学习中包含的数据并没有对应的结果,需要对数据进行分析建模。非监督学习没有提供对应的标准（监督）,需要自行去建立标准,非监督学习可以理解为我们在日常生活中对某些事物缺乏经验,使用人工方式对数据进行标注成本太高,需要使用计算机代替人工完成这些工作,例如当前数据集为一组图形,但事先我们并不知道都包含哪类图形,当我们从头到尾看完这些图形后就会对这些图形有一个分类,无监督学习的典型案例就是聚类。非监督学习的常用方法如下。

● 主成分分析。主成分分析的主要作用就是降维,目的是通过某种线性投影将高维度的数据映射到低维度的空间中,并且希望在所投影的维度上的数据信息量最大,以此做到使用较少的数据维度,同时保留住较多的原数据点的特性。

　　主成分分析在对数据进行降维时能够尽量保证信息量不丢失或少量丢失,也就是尽可能将原始特征往具有最大投影信息量的维度上投影。将原始特征投影到这些维度上,会使降维后信息量损失最小。

● K-均值聚类(K-means)。"类"是指具有相似性的集合,聚类方法能够将数据集划分为若干个类,每个类内的数据具有一定的相似性,类与类之间的相似度尽可能大,聚类分析以相似性为基础,对数据进行聚类划分属于无监督学习。

● 谱聚类。谱聚类的应用比较广泛,与 K-means 算法相比,本算法对数据有较强的适应性,计算量小,聚类效果优秀,实现简单。

　　谱聚类由图论演化而来,而后被广泛应用于聚类中。谱聚类的核心思想是将数据看作空间中的点,点与点之间使用直线连接。这里的直线称为边,两点之间的距离越远,边权重值越低,两点之间距离越近,边之间的权重值越高。谱聚类能够将由数据点组成的图切分为若干个图,切分后的每个子图之间的边权重和会尽可能地低,子图内的边权重和会尽可能地高,从而达到聚类的目的。

　　3)强化学习

　　强化学习不会提供数据和标签,只负责对结果进行评分,如果选择正确给高分,选择错误给低分,那么强化学习会记录得分的高低,在之后的选择过程中尽可能使自己获得最高分。强化学习的目的是使一个智能体能够在不同的环境状态下,学会自主选择并且使得分最高。这种过程类似于人类成长的过程,当处于一个陌生环境时,不知道做什么对自己比较有利,这促进我们会去不断地进行尝试,之后环境会给我们反馈,告诉我们结果。强化学习的常用方法如下。

● Q 学习。Q 学习算法属于一种强化学习算法,所以这种算法与模型无关,能够通过动作值函数去评估选择哪个动作是正确的,该函数能够决定处于某一个特定状态以及在该状态下采取特定动作的奖励期望值。其缺点为缺乏通用性,优点是可以接收更广的数据范围。

2. 机器学习训练流程

　　想要了解机器学习,首先需要了解机器学习的训练流程。机器学习训练流程如图 2-4所示。

● 准备数据集:主要工作是加载数据集并进行数据集中的数据处理、分割等。

● 选择模型:本阶段根据项目需求进行模型选择并初始化,用于对数据集中的数据进行计算。

● 训练模型:本阶段为模型训练阶段,使用上一阶段初始化后的模型对数据集进行计算,然后通过预测函数发现数据中的规律。

● 模型测试:通过使用训练阶段中发现的规律对指定数据进行预测、识别等。

图 2-4　机器学习训练流程

技能点二　数据集与数据处理

1. 数据集

在使用 Sklearn 进行数据预测之前,需要根据现有数据对使用模型进行训练。目前,Sklearn 可以使用的数据集有通用数据集、自定义数据集、在线数据集等,这些数据集在使用时,只需通过相应方法即可获取,而不需要手动进行编写。

1)通用数据集

在 Sklearn 中,通用数据集是 Sklearn 自带的数据量较小的数据集,给模型的训练提供数据支撑,Sklearn 常用的通用数据集如表 2-1 所示。

表 2-1　Sklearn 常用的通用数据集

名称	方法	描述
鸢尾花数据集	load_iris()	用于分类计算,包含 150 条数据, 3 个类别,每个类别 50 条数据,每个样本有 4 个特征,分别为 Sepal.Length(花萼长度)、Sepal.Width(花萼宽度)、Petal.Length(花瓣长度)、Petal.Width(花瓣宽度)
波士顿房价数据集	load_boston()	用于回归计算,包含 13 个变量、1 个输出变量以及 508 条数据,每条数据包含城镇人均犯罪率、住宅用地所占比例、城镇中非商业用地所占比例、查理斯河虚拟变量、一氧化氮浓度、住宅平均房间数、1940 年之前建成的自用房屋比例、到波士顿五个中心区域的加权距离、距离高速公路的接近指数、每一万美元的不动产税率、城镇师生比例、城镇中黑人比例、低收入阶层所占比例、自住房平均房价
手写数字数据集	load_digits()	用于分类计算,包含 1 797 个 0~9 的手写数字数据,每个数字由 8×8 大小的矩阵构成,矩阵中值的范围是 0~16,代表颜色的深度

通用数据集的获取方法被包含在 Sklearn 的 datasets 模块中,在使用时需先引入,之后获取的数据会以字典类型的 bunch 对象返回,语法格式如下所示。

```
# 导入模块
from Sklearn import datasets
# 加载数据集
iris = datasets.load_iris()
boston = datasets.load_boston()
digit = datasets.load_digits()
```

在数据获取完成之后,可通过相关属性或函数获取具体数据信息,其中,鸢尾花数据集常用的属性或函数如表 2-2 所示。

表 2-2　鸢尾花数据集常用的属性或函数

属性或函数	描述
iris.data	样本数据
iris.feature_names	样本对应的每个特征
iris.target_names	数据的所有标签值
iris.target	每个样本对应的标签
iris.keys()	数据集包含的属性,其中,data 表示样本数据,target 表示每个样本对应的标签,target_names 表示数据的所有标签值,DESCR 表示数据集的描述、作者、数据来源等,feature_names 表示样本对应的每个特征的意义,file_name 表示数据集所在路径
iris["属性"]	数据集相关信息,与以上相对应的属性作用相同

波士顿房价数据集常用的属性或函数如表 2-3 所示。

表 2-3　波士顿房价数据集常用的属性或函数

属性或函数	描述
boston.data	样本数据
boston.feature_names	样本对应的每个特征
boston.target	每个样本对应的标签
boston.keys()	数据集包含的属性,其中,data 表示样本数据,target 表示每个样本对应的标签,DESCR 表示数据集的描述、作者、数据来源等,feature_names 表示样本对应的每个特征的意义
boston.DESCR	数据集的描述、作者、数据来源等

手写数字数据集常用的属性或函数如表 2-4 所示。

表 2-4　手写数字数据集常用的属性或函数

属性或函数	描述
digits.images	图片数据
digits.data	样本数据
digits.target_names	数据的所有标签值
digits.target	每个样本对应的标签
digits.keys()	数据集包含的属性，其中，images 表示图片数据，data 表示样本数据，target_names 表示所有标签值，target 表示每个样本对应的标签，DESCR 表示数据集的描述、作者、数据来源等
digits.DESCR	数据集的描述、作者、数据来源等

以鸢尾花数据集的加载及相关信息的查看为例，对通用数据集的加载方法和常用的属性或函数进行说明，代码 CORE0201 如下所示。

```
代码 CORE0201

# 导入模块
from Sklearn import datasets
# 加载数据集
iris=datasets.load_iris()
# 鸢尾花数据集所有信息
iris
# 样本对应的每个特征
iris.feature_names
# 数据的所有标签值
iris.target_names
# 每个样本对应的标签
iris.target
# 数据集包含的属性
iris.keys()
# 数据集的描述、作者、数据来源等
iris["DESCR"]
```

结果如图 2-5 至图 2-10 所示。

```
{'data': array([[5.1, 3.5, 1.4, 0.2],
         [4.9, 3. , 1.4, 0.2],
         [4.7, 3.2, 1.3, 0.2],
         [4.6, 3.1, 1.5, 0.2],
         [5. , 3.6, 1.4, 0.2],
         [5.4, 3.9, 1.7, 0.4],
         [4.6, 3.4, 1.4, 0.3],
         [5. , 3.4, 1.5, 0.2],
         [4.4, 2.9, 1.4, 0.2],
         [4.9, 3.1, 1.5, 0.1],
         [5.4, 3.7, 1.5, 0.2],
         [4.8, 3.4, 1.6, 0.2],
         [4.8, 3. , 1.4, 0.1]
```

图 2-5　鸢尾花数据集所有信息

```
['sepal length (cm)',
 'sepal width (cm)',
 'petal length (cm)',
 'petal width (cm)']
```

图 2-6　样本对应的每个特征

```
array(['setosa', 'versicolor', 'virginica'], dtype='<U10')
```

图 2-7　数据的所有标签值

```
array([0, 0, 0, 0, 0, 0, 0, 0, 0, 0, 0, 0, 0, 0,
0, 0, 0, 0, 0, 0,
       0, 0, 0, 0, 0, 0, 0, 0, 0, 0, 0, 0, 0, 0,
0, 0, 0, 0, 0, 0,
       0, 0, 0, 0, 0, 0, 1, 1, 1, 1, 1, 1, 1, 1, 1,
1, 1, 1, 1, 1, 1,
       1, 1, 1, 1, 1, 1, 1, 1, 1, 1, 1, 1, 1, 1, 1,
1, 1, 1, 1, 1, 1,
       1, 1, 1, 1, 1, 1, 1, 1, 1, 1, 1, 2, 2, 2,
2, 2, 2, 2, 2, 2, 2,
       2, 2, 2, 2, 2, 2, 2, 2, 2, 2, 2, 2, 2, 2,
2, 2, 2, 2, 2, 2, 2,
       2, 2, 2, 2, 2, 2, 2, 2, 2, 2, 2, 2, 2, 2,
2, 2, 2])
```

图 2-8　每个样本对应的标签

```
dict_keys(['data', 'target', 'target_names', 'DESCR',
'feature_names', 'filename'])
```

图 2-9　数据集包含的属性

```
'.. _iris_dataset:\n\nIris plants dataset\n----------
----------\n\n**Data Set Characteristics:**\n\n     :N
umber of Instances: 150 (50 in each of three classe
s)\n    :Number of Attributes: 4 numeric, predictive
attributes and the class\n    :Attribute Informatio
n:\n        - sepal length in cm\n        - sepal wid
th in cm\n        - petal length in cm\n        - pet
al width in cm\n        - class:\n                - I
ris-Setosa\n                - Iris-Versicolour\n
- Iris-Virginica\n          \n    :Summary Stat
istics:\n\n    ============ ==== ==== ======= =====
================\n                        Min  Max
Mean    SD   Class Correlation\n    ============ ==
== ==== ======= ===== ==================\n    sepal
length:   4.3  7.9   5.84   0.83    0.7826\n    sepal
width:    2.0  4.4   3.05   0.43   -0.4194\n    petal
length:   1.0  6.9   3.76   1.76    0.9490  (high!)\n
```

图 2-10　数据集的描述、作者、数据来源等

2）自定义数据集

除了自带的小数据集之外，为了能够更好地训练符合需求的模型，Sklearn 还提供了数据集的自定义方法，可以根据需求分析生成最优数据集。其中，自定义数据集常用的函数如表 2-5 所示。

表 2-5　自定义数据集常用的函数

函数	描述
make_blobs()	聚类模型随机数据
make_regression()	回归模型随机数据
make_classification()	分类模型随机数据

自定义数据集函数同样被包含在 Sklearn 的 datasets 模块中，在使用时需要对特征数量、样本数量、类别数量等信息进行设置，语法格式如下所示。

```
# 导入模块
from Sklearn import datasets
# 生成数据集
make_blobs=datasets.make_blobs(n_samples=100,n_features=2,centers=3,cluster_std=1.0,center_box=(-10.0, 10.0))
make_regression=datasets.make_regression(n_samples=100,n_features=1,n_informative=10,n_targets=1,bias=0,noise=1)
make_classification=datasets.make_classification(n_samples=100,n_features=20,n_informative=2,n_redundant=2,n_repeated=0, n_classes=2,random_state=None)
```

其中，make_blobs() 函数常用参数的说明如表 2-6 所示。

表 2-6　make_blobs() 函数常用参数的说明

参数	说明
n_samples	样本的总数,默认值为 100
n_features	每个样本的特征数,默认值为 2
centers	类别数,默认值为 3
cluster_std	每个类别的方差,默认值为 1.0,如果设置多个,可设置为 [1.0,3.0]
center_box	取值范围,默认值为 (-10.0, 10.0)

make_regression() 函数常用参数的说明如表 2-7 所示。

表 2-7　make_regression() 函数常用参数的说明

参数	说明
n_samples	样本的总数,默认值为 100
n_features	每个样本的特征数,默认值为 100
n_informative	多信息特征的个数,默认值为 10
n_targets	回归目标的数量,默认值为 1
bias	基础线性模型中的偏差项,默认值为 0
noise	应用于输出的高斯噪声的标准偏差,默认值为 0

make_classification() 函数常用参数的说明如表 2-8 所示。

表 2-8　make_classification() 函数常用参数的说明

参数	说明
n_samples	样本的总数,默认值为 100
n_features	每个样本的特征数,默认值为 20
n_informative	多信息特征的个数,默认值为 2
n_redundant	冗余信息,默认值为 2
n_repeated	重复信息,默认值为 0
n_classes	分类类别,默认值为 2
random_state	是否每次生成的数据都一致,默认值为 None

以 make_blobs() 函数为例,对自定义数据集函数的使用进行说明,代码 CORE0202 如下所示。

```
代码 CORE0202
# 导入模块
from sklearn import datasets
# 样本数为 10
# 每个样本特征为 2
# 类别数为 3
# 类别方差为 1.0
# 取值范围为 -10.0 到 10.0
make_blobs=datasets.make_blobs(n_samples=10,n_features=2,centers=3,cluster_
std=1.0,center_box=(-10.0, 10.0))
# 数据集所有信息
make_blobs
```

生成的聚类模型数据集结果如图 2-11 所示。

```
(array([[ 5.25020755,  -0.85653898],
        [-5.85846533,   9.64686689],
        [-6.05273623,  10.52944714],
        [ 5.64075632,  -9.50574221],
        [ 6.03170788,   0.22121199],
        [ 5.55103866,  -2.06826775],
        [-6.70005803,   9.89618039],
        [ 6.40074266,   1.16116581],
        [ 5.03427165,  -8.9999553 ],
        [ 5.22123668,  -8.07650688]]),
 array([0, 2, 2, 1, 0, 0, 2, 0, 1, 1]))
```

图 2-11 生成的聚类模型数据集结果

3）在线数据集

在线数据集就是放在网络上供用户免费下载并使用的数据集，体量比通用数据集大，但需要网络的依赖，当网速不好时，加载数据会出现延迟。目前，Sklearn 中存在两种在线数据集下载的方式，分别是可在线下载的数据集和 data.org 在线下载获取的数据集，其中可在线下载的数据集使用最多。常用的可在线数据集如表 2-9 所示。

表 2-9 常用的可在线数据集

数据集	函数	描述
20 类新闻文本数据集	fetch_20newsgroups()	包括 18 000 多篇新闻文章，一共涉及 20 种话题，分为训练集和测试集两部分，通常用来做文本分类，均匀分为 20 个不同主题的新闻组集合
加利福尼亚房价数据集	fetch_california_housing()	包含 9 个变量的 20 640 个观测值，以平均房屋价值作为目标变量，以平均收入、房屋平均年龄、平均房间、平均卧室、人口、平均占用、纬度和经度作为输入变量（特征）

数据集	函数	描述
Olivetti 人脸数据集	fetch_olivetti_faces()	该数据集由 40 个人组成,共计 400 张人脸图片;每人的人脸图片为 10 张,包含正脸、侧脸以及不同的表情。 整个数据集就是一张大的人脸组合图片,图片尺寸为 942×1 140,每一行每一列人脸数均为 20 个,人脸区域大小为 47×57

在线数据集下载方法同样被包含在 Sklearn 的 datasets 模块中,使用时根据需要可通过相关参数进行下载设置,语法格式如下所示。

```
# 导入模块
from sklearn import datasets
# 下载数据集
fetch_20newsgroups=datasets.fetch_20newsgroups(data_home=None,subset='train',
categories=None,shuffle=True,random_state=42,remove=(),download_if_missing=True)
    fetch_california_housing=datasets.fetch_california_housing(data_home=None,download_
if_missing=True )
    fetch_olivetti_faces=datasets.fetch_olivetti_faces(data_home=None,shuffle=False,
random_state=0,download_if_missing=True)
```

其中,fetch_20newsgroups() 函数常用参数的说明如表 2-10 所示。

表 2-10　fetch_20newsgroups() 函数常用参数的说明

参数	说明
data_home	为数据集指定一个下载和缓存的文件夹
subset	选择要加载的数据集,train 表示训练集,test 表示测试集,all 表示加载全部
categories	选择加载类别
shuffle	是否对数据集进行排序,值为 True 或 False
random_state	用于对数据集进行洗牌
remove	需要被删除的内容,headers 表示新闻组标题,footers 表示帖子末尾类似于签名的部分,quotes 表示被其他帖子引用了的行
download_if_missing	当数据本地不可用时,是否试图从源站点下载数据,默认值为 True

当忘记在线数据集下载地址时, Sklearn 还提供了 datasets.get_data_home() 函数供用户查看数据集下载目录,并将地址以字符串形式返回。

以 fetch_20newsgroups() 函数为例,对可在线下载数据集函数的使用进行说明,代码 CORE0203 如下所示。

```
代码 CORE0203

# 导入模块
from Sklearn import datasets
# 下载数据集
fetch_20newsgroups=datasets.fetch_20newsgroups(data_home=None,subset='train',
categories=None,shuffle=True,random_state=42,remove=(),download_if_missing=True)
# 数据集所有信息
fetch_20newsgroups
```

20 类新闻文本数据集的使用如图 2-12 所示。

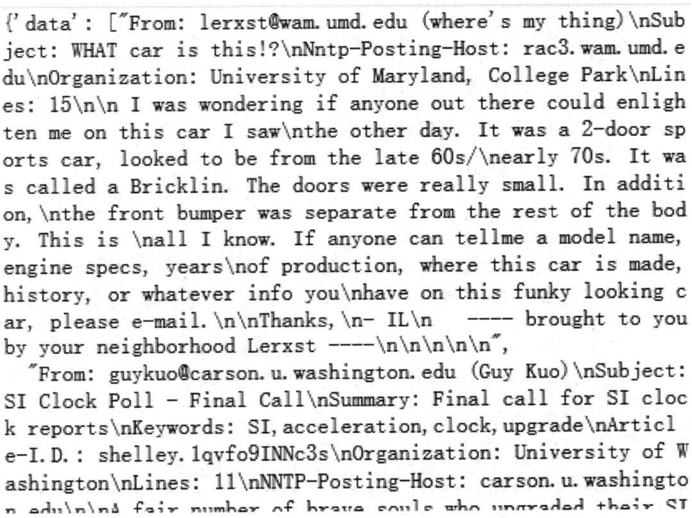

{'data': ["From: lerxst@wam.umd.edu (where's my thing)\nSubject: WHAT car is this!?\nNntp-Posting-Host: rac3.wam.umd.edu\nOrganization: University of Maryland, College Park\nLines: 15\n\n I was wondering if anyone out there could enlighten me on this car I saw\nthe other day. It was a 2-door sports car, looked to be from the late 60s/\nearly 70s. It was called a Bricklin. The doors were really small. In addition,\nthe front bumper was separate from the rest of the body. This is \nall I know. If anyone can tellme a model name, engine specs, years\nof production, where this car is made, history, or whatever info you\nhave on this funky looking car, please e-mail.\n\nThanks, \n- IL\n   ---- brought to you by your neighborhood Lerxst ----\n\n\n\n\n",
 "From: guykuo@carson.u.washington.edu (Guy Kuo)\nSubject: SI Clock Poll - Final Call\nSummary: Final call for SI clock reports\nKeywords: SI, acceleration, clock, upgrade\nArticle-I.D.: shelley.1qvfo9INNc3s\nOrganization: University of Washington\nLines: 11\nNNTP-Posting-Host: carson.u.washington.edu\n\nA fair number of brave souls who upgraded their SI

图 2-12　20 类新闻文本数据集的使用

2. 数据处理

Sklearn 中,数据处理有多个方面,包括数据集划分、数据预处理等。

1)数据集划分

Sklearn 可以将数据集拆分成一个训练集和一个测试集,其中,训练集用于模型的训练,规模越大,模型被训练得越好;测试集用于测试训练后的模型,规模越大,模型的评估越准确,置信区间越窄。 另外,在进行数据集的划分之前,需要注意以下几点:

● 训练集和测试集必须相互独立;

● 数据拆分前,需要先进行数据的随机处理,之后再进行拆分;

● 当数据集规模较小时,拆分后的数据需要进行诸如交叉验证之类的复杂操作。

Sklearn 中,数据集的划分可以使用 train_test_split() 函数,其被包含在 model_selection 模块下,语法格式如下所示。

```
# 导入模块
from sklearn import model_selection
# 拆分数据集
X_train,X_test,y_train,y_test=model_selection.train_test_split(X,y,train_size=None,test_size=0.25,random_state=None,shuffle=True)
```

train_test_split() 函数的参数和返回值说明如表 2-11 所示。

表 2-11　train_test_split() 函数的参数和返回值说明

参数和返回值	说明
X_train	划分出的训练集数据
X_test	划分出的测试集数据
y_train	划分出的训练集标签
y_test	划分出的测试集标签
X	样本数据
y	样本对应的特征
train_size	默认值为 None，表示测试集的补集；当值为 0~1 时，表示训练集样本数目与原始样本数目之比；当值为整数时，表示训练集样本的数目
test_size	默认值为 0.25，当值为 0~1 时，表示测试集样本数目与原始样本数目之比；当值为整数时，表示测试集样本的数目
random_state	随机数种子，当需要复现结果时设置
shuffle	是否打乱数据位置，值为 True 或 False，默认值为 True

使用 train_test_split() 函数按照 3:1 的比例对鸢尾花数据集进行划分，代码 CORE0204 如下所示。

代码 CORE0204

```
# 导入模块
from Sklearn import datasets
from Sklearn import model_selection
# 加载数据集
iris = datasets.load_iris()
# 划分数据集
X_train,X_test,y_train,y_test=model_selection.train_test_split(iris.data,iris.target,train_size=0.75,test_size=0.25,random_state=None,shuffle=True)
# 查看返回数据的维度信息
print("训练集样本大小:",X_train.shape)
```

```
print("测试集样本大小:",X_test.shape)
print("训练集标签大小:",y_train.shape)
print("测试集标签大小:",y_test.shape)
```

数据集划分结果如图 2-13 所示。

训练集样本大小：　（112，4）
测试集样本大小：　（38，4）
训练集标签大小：　（112，）
测试集标签大小：　（38，）

图 2-13　数据集划分结果

2）数据预处理

在 Sklearn 中,数据的预处理可以将不符合需求的数据转换成符合模型训练与预测要求的数据格式和内容,如数据的零均值标准化、归一化等都是 Sklearn 中常用的数据预处理方式,对应函数如表 2-12 所示。

表 2-12　常用的数据预处理函数

函数	描述
StandardScaler()	零均值标准化,将数据转换为均值为 0、标准差为 1 的一组数据
MinMaxScaler()	归一化,消除指标之间不同的量纲和量纲单位影响,解决数据指标之间的可比性

Sklearn 的数据预处理函数都被包含在 Sklearn 的 preprocessing 模块中,在使用时需先导入,并且 Sklearn 的数据预处理函数必须结合转换函数才可以发挥作用。常用的转换函数如表 2-13 所示。

表 2-13　常用的转换函数

函数	描述
fit()	计算数据
transform()	转换数据,需要与 fit() 组合使用
fit_transform()	先计算数据,之后转换数据

除了使用转换函数外,每个函数还可以通过其常用属性进行相关信息的查看,但这些属性必须使用在 fit() 函数或 fit_transform() 函数之后,其中, StandardScaler() 函数的部分属性如表 2-14 所示。

表 2-14　StandardScaler() 函数的部分属性

属性	描述
scale_	缩放比例或标准差
mean_	特征平均值
var_	特征方差
n_samples_seen_	样本数量

MinMaxScaler() 函数的部分属性如表 2-15 所示。

表 2-15　MinMaxScaler() 函数的部分属性

属性	描述
scale_	缩放比例
data_min_	最小值
data_max_	最大值

Sklearn 的数据预处理函数使用的语法格式如下所示。

```
# 导入模块
from Sklearn import preprocessing
# 数据处理
standard_scaler=preprocessing.StandardScaler()
standard_scaler.fit(X)
standard_scaler.transform(X)
min_max_scaler=preprocessing.MinMaxScaler()
min_max_scaler.fit_transform(X)
```

以 StandardScaler() 函数处理数据为例,对 Sklearn 的数据预处理函数的使用进行讲解,代码 CORE0205 如下所示。

```
代码 CORE0205
# 导入模块
from Sklearn import preprocessing
import numpy as np
# 创建数组
X=np.array([[3.,-2.,-3.],[-2.,7.,4.],[1.,-5.,-1.]])
# 处理数据
Standard_Scaler = preprocessing.StandardScaler()
# 计算数据
```

```
Standard_Scaler.fit(X)
print("数据转换:",standard_scaler.transform(X))
print("缩放比例或标准差:",standard_scaler.scale_)
```

零均值标准化结果如图 2-14 所示。

```
数据转换: [[ 1.13554995 -0.39223227 -1.01904933]
         [-1.29777137  1.37281295  1.35873244]
         [ 0.16222142 -0.98058068 -0.33968311]]
缩放比例或标准差: [2.05480467 5.09901951 2.94392029]
```

图 2-14　零均值标准化结果

3. 特征提取

特征提取是 Sklearn 特征工程中非常重要的一部分,其可以将数据集中的数据转化为易于被计算机理解的数据,并且根据数据的不同,可以分为字典特征提取、文本特征提取、图形特征提取等。常用的特征提取函数如表 2-16 所示。

表 2-16　常用的特征提取函数

类别	函数	描述
字典特征提取	DictVectorizer()	将非数字化但是具有一定结构的对象使用 0、1 进行表示,而数值型数据则维持原值
文本特征提取	CountVectorizer()	将文本数据中包含的词汇编码后统计单词出现的次数,并将结果以二维数组的形式返回,每一行表示一个文本的词频统计结果
	TfidfVectorizer()	基于 TF-IDF 算法对词语重要程度进行评估,削减高频出现但没有意义的词汇带来的影响

特征提取函数被包含在 Sklearn 的 feature_extraction 模块中,并且同样需要结合转换函数才可以发挥作用,语法格式如下所示。

```
# 导入模块
from Sklearn import feature_extraction
# 特征提取
DictVectorizer=feature_extraction.DictVectorizer(dtype='numpy.float64',separator='=',sparse=True)
CountVectorizer=feature_extraction.text.CountVectorizer(encoding=u'utf-8',decode_error=u'strict',stop_words=None,max_df=1.0,min_df=1,max_features=None)
TfidfVectorizer=feature_extraction.text.TfidfVectorizer(encoding=u'utf-8',decode_error=u'strict',stop_words=None,max_df=1.0,min_df=1,max_features=None)
```

其中,DictVectorizer() 函数常用参数的说明如表 2-17 所示。

表 2-17　DictVectorizer() 函数常用参数的说明

参数	说明
dtype	特征值的类型
separator	分隔符
sparse	是否产生稀疏矩阵,值为 True 或 False,默认值为 True,可以通过 toarray() 函数将其转换为数组形式

CountVectorizer() 函数和 TfidfVectorizer() 函数包含有常用参数基本相同,只是一些不常用的参数存在不同,常用参数的说明如表 2-18 所示。

表 2-18　CountVectorizer() 函数和 TfidfVectorizer() 函数常用参数的说明

参数	说明
encoding	对字节或文件进行解码编码类型设置,默认为值 utf-8
decode_error	解码错误设置,可选值有 strict(严格)、ignore(忽略)、replace(替换),当遇到不能解码的字符时将报 UnicodeDecodeError 错误
stop_words	设置停用词,默认值为 None
max_df	设置最大词频数,当值为 0.0~1.0 时,表示占文档的比例;当值为整数时,表示个数;当值为 None 时,表示此参数被忽略;默认值为 1.0
min_df	设置最小词频数,当值为 0.0~1.0 时,表示占文档的比例;当值为整数时,表示个数;当值为 None 时,表示此参数被忽略;默认值为 1.0
max_features	默认值为 None,当值为整数时,表示在对所有关键词的 term frequency 进行降序排序,只取前 max_features 个作为关键词集

需要注意的是,不同的特征提取函数在计算完成后,可通过其包含的属性和方法查看相关信息,DictVectorizer() 函数常用的属性或函数如表 2-19 所示。

表 2-19　DictVectorizer() 函数常用的属性或方法

属性或方法	描述
vocabulary_	特征名称和特征索引的映射字典
feature_names_	一个包含所有特征名称的,长度为特征名称个数的列表
get_feature_names()	一个包含所有特征名称的,长度为特征名称个数的列表

CountVectorizer() 函数和 TfidfVectorizer () 函数常用的属性或方法如表 2-20 所示。

表 2-20　CountVectorizer() 函数和 TfidfVectorizer() 函数常用的属性或方法

属性或方法	描述
get_feature_names()	一个包含所有特征名称的,长度为特征名称个数的列表
vocabulary_	特征名称和特征索引的映射字典

以 DictVectorizer() 函数字典特征的提取为例,对特征提取函数的使用进行讲解,代码 CORE0206 如下所示。

```
代码 CORE0206
# 导入模块
from Sklearn import feature_extraction
# 创建字典类型数组
data = [{'city': '上海', 'temperature': 100},
{'city': '北京', 'temperature': 60},
{'city': '深圳', 'temperature': 30}]
# 特征提取
DictVectorizer = feature_extraction.DictVectorizer(sparse=False)
# 计算数据并转换数据
NewData = DictVectorizer.fit_transform(data)
print("特征提取后数据:",NewData)
print("特征名称:",DictVectorizer.feature_names_)
```

字典特征提取结果如图 2-15 所示。

```
特征提取后数据: [[  0.    1.    0.  100.]
 [  1.    0.    0.   60.]
 [  0.    0.    1.   30.]]
特征名称: ['city=上海', 'city=北京', 'city=深圳', 'temperature']
```

图 2-15　字典特征提取结果

技能点三　模型训练与模型评估

1. 分类模型

分类模型简单来说就是通过分类算法实现数据计算的函数。目前,分类算法有很多,Sklearn 并没有将每种算法实现,而是有针对性地为朴素贝叶斯、支持向量机等算法的实现提供了分类函数,其中,较为常用的分类函数如表 2-21 所示。

表 2-21　常用的分类函数

函数	描述	所属模块
GaussianNB()	朴素贝叶斯,主要用于进行大部分连续值分布数据集的计算	naive_bayes
SVC()	支持向量机,时间复杂度较高,不能对样本数量大于 2 0000 的数据集进行计算	svm

分类模型函数的使用非常简单,在使用时,GaussianNB() 函数不需要进行任何参数的设置即可创建分类模型;而 SVC() 函数同样可以不设置任何参数便创建模型,但其包含了多个用于设置 SVC() 函数的可选参数。分类模型函数使用的语法格式如下所示。

```
# 导入模块
from Sklearn import naive_bayes
from Sklearn import svm
# 模型生成
GaussianNB=naive_bayes.GaussianNB()
SVC=svm.SVC(C=1.0,kernel='rbf',degree=3,gamma=0.0,probability=False,cache_size=200,max_iter=-1)
```

其中,SVC() 函数常用参数说明如表 2-22 所示。

表 2-22　SVC() 函数常用参数的说明

参数	说明
C	错误项的惩罚系数,数值越大,惩罚程度越大,样本训练的准确率越高,但泛化能力弱;减小数值,则允许训练样本中存在一些分类错误的样本,泛化能力强。默认值为 1.0
kernel	计算时采用的核函数(用来计算映射关系的内积)类型,参数值为 linear(线性核函数)、poly(多项式核函数)、rbf(高斯核函数)、sigmoid(sigmoid 核函数)、precomputed(核矩阵),默认值为 rbf
degree	设置多项式核函数的阶数,默认值为 3
gamma	核函数系数,默认值为 0.0
probability	是否启用概率估计,值为 True 或 False,默认值为 False
cache_size	指定训练所需要的内存,单位为 MB
max_iter	最大迭代次数,默认值为 -1,表示不限制

在创建分类模型后,通过相关的函数或属性即可实现获取信息或通过模型计算数据等操作。其中,朴素贝叶斯模型常用的函数或属性如表 2-23 所示。

表 2-23　朴素贝叶斯模型常用的函数或属性

函数或属性	描述
get_params()	不包含任何参数,可以直接获取每个样本的先验概率及所有特征中的最大稳定方差
fit(X,y)	训练样本。X 为样本数据;y 为每个样本对应的标签;默认值为 None
predict(X)	对测试样本进行分类。X 为样本数据
score(X,y)	返回测试样本映射到指定标签上的准确率。X 为样本数据;y 为每个样本对应的标签;默认值为 None
priors	获取每个样本的先验概率
class_count_	获取每个类别的样本数量
theta_	获取每个类别中每个特征的均值
sigma_	获取每个类别中每个特征的方差

支持向量机模型常用的函数或属性如表 2-24 所示。

表 2-24　支持向量机模型常用的函数或属性

函数或属性	描述
fit(X,y)	训练样本。X 为样本数据;y 为每个样本对应的标签;默认值为 None
predict(X)	对测试样本进行分类。X 为样本数据
score(X,y)	返回测试样本映射到指定标签上的准确率。X 为样本数据;y 为每个样本对应的标签;默认值为 None
decision_function(X)	计算样本到分离超平面的距离并返回。X 为样本数据
support_	获取支持向量在训练样本中的索引
support_vectors_	获取所有的支持向量
n_support_	获取各类支持向量的数量

以使用朴素贝叶斯模型对鸢尾花数据进行分类为例,对分类模型的使用进行讲解,代码 CORE0207 如下所示。

代码 CORE0207

```
# 导入模块
from sklearn import datasets
from sklearn import naive_bayes
import numpy as np
# 加载数据集
iris=datasets.load_iris()
```

```
# 创建朴素贝叶斯模型
GaussianNB=naive_bayes.GaussianNB()
# 训练数据
GaussianNB.fit(iris.data, iris.target)
# 定义测试数据
data_test=np.array([1,2,1,2])
data=data_test.reshape(1,-1)
# 预测所属类别
Result_predict=GaussianNB.predict(data)
Result_predict
```

朴素贝叶斯模型训练结果和数据预测结果如图 2-16 和图 2-17 所示。

```
GaussianNB(priors=None, var_smoothing=1e-09)
```

图 2-16　朴素贝叶斯模型训练结果

```
array([2])
```

图 2-17　数据预测结果

2. 回归模型

在 Sklearn 中,回归模型能够通过研究因变量(目标)和自变量(预测器)之间的关系进行数据的预测分析。目前,Sklearn 提供了多种回归模型的创建方法,包括逻辑回归、线性回归等,对应的函数如表 2-25 所示。

表 2-25　常用的回归模型函数

函数	描述	所属模块
LogisticRegression()	逻辑回归,通过对属于二元类型的因变量计算事件成功(Success)或者失败(Failure)的概率	linear_model
LinearRegression()	线性回归,通过连续因变量以及连续或离散自变量进行预测	

回归模型在创建时需要通过相关参数实现算法的设置,分类模型函数使用的语法格式如下所示。

```
# 导入模块
from Sklearn import linear_model
# 模型生成
LogisticRegression=linear_model.LogisticRegression(penalty='l2',dual=False,C=1.0,fit_intercept=True,class_weight=None,max_iter=100)
```

> LinearRegression=linear_model.LinearRegression(fit_intercept=True,normalize=False, copy_X=True,n_jobs=1)

其中,LogisticRegression() 函数常用参数的说明如表 2-26 所示。

表 2-26　LogisticRegression() 函数常用参数的说明

参数	说明
penalty	指定惩罚的标准,添加参数避免过拟合,用以提高函数的泛化能力,值为 'l1' 或 'l2',默认值为 'l2'
dual	选择求解形式,默认值为 True,以对偶形式求解,适用于"l2"模式;值为 False 时,则以原始形式求解
C	指定正则化系数的倒数,值越小,正则化越大,默认值为 1.0
fit_intercept	设置逻辑回归模型中是否会有常数项,值为 True 或 False,默认值为 True
class_weight	用于标示模型中各种类别数据的权重,默认值为 None
max_iter	指定最大迭代数,默认值为 100

LinearRegression() 函数常用参数的说明如表 2-27 所示。

表 2-27　LinearRegression() 函数常用参数的说明

参数	说明
fit_intercept	是否对训练数据进行中心化,值为 True 或 False,默认值为 True
normalize	是否对数据进行标准化处理,值为 True 或 False,默认值为 False
copy_X	经过中心化、标准化后,是否把新数据覆盖到原数据上,值为 True 或 False,默认值为 True
n_jobs	计算时需要的 CPU 个数,如果为 −1,则使用所有 CPU,默认值为 1

在创建回归模型后,同样需要通过相关函数或属性进行信息获取或数据预测等操作。其中,逻辑回归模型常用的函数或属性如表 2-28 所示。

表 2-28　逻辑回归模型常用的函数或属性

函数或属性	描述
fit(X,y)	训练样本。X 为样本数据;y 为每个样本对应的标签;默认值为 None
predict(X)	对测试样本进行预测。X 为样本数据
score(X,y)	返回测试样本映射到指定标签上的准确率。X 为样本数据;y 为每个样本对应的标签;默认值为 None
decision_function(X)	计算样本到分离超平面的距离并返回。X 为样本数据
get_params()	获取逻辑回归对象的相关参数

续表

函数或属性	描述
coef_	获取权重向量
intercept_	获取常数项值
n_iter_	获取实际迭代次数

线性回归模型常用的函数或属性如表 2-29 所示。

表 2-29　线性回归模型常用的函数或属性

函数或属性	描述
fit(X,y)	训练样本。X 为样本数据；y 为每个样本对应的标签；默认值为 None
predict(X)	对测试样本进行预测。X 为样本数据
score(X,y)	返回测试样本映射到指定标签上的准确率。X 为样本数据；y 为每个样本对应的标签；默认值为 None
decision_function(X)	对训练数据进行预测。X 为样本数据
coef_	获取斜率
intercept_	获取截距

以线性回归模型对波士顿房价数据进行预测为例，对回归模型的使用进行讲解，代码 CORE0208 如下所示。

```
代码 CORE0208

# 导入模块
from sklearn import datasets
from sklearn import linear_model
# 加载数据集
load_boston=datasets.load_boston()
# 实现线性回归算法
LinearRegression=linear_model.LinearRegression()
# 训练数据
LinearRegression.fit(load_boston.data, load_boston.target)
# 数据预测
Result_predict=LinearRegression.predict(load_boston.data[:4,:])
Result_predict
```

线性回归模型训练结果和数据预测结果如图 2-18 和图 2-19 所示。

```
LinearRegression(copy_X=True, fit_intercept=True,
n_jobs=None, normalize=False)
```

图 2-18　线性回归模型训练结果

```
array([30.00384338, 25.02556238, 30.56759672, 28.60703649])
```

图 2-19　数据预测结果

3. 聚类模型

除了分类模型和回归模型外,聚类模型同样是 Sklearn 中经常使用的模型,聚类模型是一种探索性模型,会将近似(一般用距离表示,距离越近表明两者越相似)数据中有相同特征的数据聚合在一起。

需要注意的是,正是由于聚类模型的探索性,同一人使用不同的聚类模型得到的结论会不同,不同的人使用相同的聚类模型得到的结果也不一定相同。目前,Sklearn 统一提供了多种聚类模型的创建方法,包括 K-Means 聚类、DBSCAN 聚类等,对应的函数如表 2-30 所示。

表 2-30　常用的聚类模型函数

函数	描述	所属模块
KMeans()	K-Means 聚类,通过 k 值设置初始聚类中心的随机选取,之后对数据进行聚类分析,根据其与聚类中心的距离,将其归入最近的类	cluster
DBSCAN()	DBSCAN 聚类,从某个核心样本出发,向高密度的区域进行扩张,生成一个由互相靠近的核样本集合与靠近核样本的非核样本组成的集合组成的任意形状的簇	

与分类、回归模型相同,聚类模型在创建时需要通过相关参数实现算法的设置,但需要注意的是,由于特征的不同,数据类别多样,极大地影响了聚类结果,因此,需要多次尝试,选取最优值。聚类模型函数使用的语法格式如下所示。

```
# 导入模块
from sklearn import cluster
# 模型生成
KMeans=cluster.KMeans(n_clusters=8,init='k-means ++',n_init=10,max_iter=300,n_jobs=1)
DBSCAN=cluster.DBSCAN(eps=0.5,min_samples=5,metric='euclidean',algorithm='auto')
```

其中,KMeans() 函数常用参数的说明如表 2-31 所示。

表 2-31　KMeans() 函数常用参数的说明

参数	说明
n_clusters	k 值设置,即生成的聚类数,默认值为 8
init	初始值选择方式,默认为 k-means ++,还可选择 random 或传递一个 ndarray 向量
n_init	聚类中心初始化值的次数,默认值为 10
max_iter	单次运行 k 均值算法的最大迭代数,默认值为 300
n_jobs	计算所用的 CPU 数,如果为 −1,则使用所有 CPU;默认值为 1,表示不进行并行计算

DBSCAN() 函数常用参数的说明如表 2-32 所示。

表 2-32　DBSCAN() 函数常用参数的说明

参数	说明
eps	两个样本之间的最大距离,默认值为 0.5
min_samples	将某个样本视为核心样本的邻域中的样本数,包括点本身,默认值为 5
metric	最近邻距离度量,euclidean(欧式距离)、manhattan(曼哈顿距离)、chebyshev(切比雪夫距离)、minkowski(闵可夫斯基距离)、wminkowski(带权重闵可夫斯基距离)、seuclidean(标准化欧式距离)等,默认值为 euclidean
algorithm	算法选择,brute(蛮力实现)、kd_tree(KD 树实现),ball_tree(球树实现)、auto(在上面 3 种算法中做权衡),默认值为 auto

在创建聚类模型后,同样需要通过相关的方法和属性进行信息获取或数据预测等操作。其中,K-Means 聚类模型常用的函数或属性如表 2-33 所示。

表 2-33　K-Means 聚类模型常用的函数或属性

函数或属性	描述
fit(X)	计算 K-Means 聚类。X 为样本数据
predict(X)	预测每个样本所属的最近簇。X 为样本数据
get_params()	获取 K-Means 聚类对象的相关参数
transform(X)	将样本数据转换为聚类距离空间。X 为样本数据
fit_transform(X)	计算 K-Means 聚类并将样本数据转换为聚类距离空间。X 为样本数据
cluster_centers_	聚类中心
labels_	每个样本所属的簇
inertial_	样本到其最近的聚类中心的距离总和

DBSCAN 聚类模型常用的函数或属性如表 2-34 所示。

表 2-34　DBSCAN 聚类模型常用的函数或属性

函数或属性	描述
fit(X,y)	从特征矩阵进行聚类。X 为样本数据；y 为每个样本对应的标签；默认值为 None
fit_predict(X,y)	计算聚类并返回每个数据的标签，然后遍历整个数据集，将相同标签的数据归为一个集合。X 为样本数据；y 每个样本对应的标签；默认值为 None
get_params()	获取 DBSCAN 聚类对象的相关参数
core_sample_indices_	核心样本指标
components_	通过训练找到的每个核心样本的副本
labels_	每个样本所属的簇

以 K-Means 聚类模型对自定义数据进行聚类为例，对聚类模型的使用进行讲解，代码 CORE0209 如下所示。

```
代码 CORE0209

# 导入模块
from sklearn import datasets
from sklearn import cluster
import numpy as np
# 自定义数据集
make_blobs=datasets.make_blobs(n_samples=10000,n_features=2,centers=2,cluster_st
d=1.0,center_box=(-10.0, 10.0))
# 生成 K-Means 聚类模型
KMeans=cluster.KMeans(n_clusters=2, max_iter=300, n_init=10)
# 计算数据
KMeans.fit(make_blobs[0])
# 获取聚类中心
KMeans.cluster_centers_
# 定义测试数据
data_test=np.array([6,4])
data=data_test.reshape(1,-1)
# 预测每个样本所属的最近簇
Result_predict=KMeans.predict(data)
Result_predict
```

K-Means 聚类模型训练结果、聚类中心结果和数据预测结果分别如图 2-20、图 2-21 和图 2-22 所示。

```
KMeans(algorithm='auto', copy_x=True, init='k-mea
ns++', max_iter=300,
       n_clusters=2, n_init=10, n_jobs=None, prec
ompute_distances='auto',
       random_state=None, tol=0.0001, verbose=0)
```

图 2-20　K-Means 聚类模型训练结果

```
array([[ 9.23025553, -2.88469602],
       [ 5.52475515, -1.0516056 ]])
```

图 2-21　聚类中心结果

```
array([1])
```

图 2-22　数据预测结果

4. 模型评估

模型评估是 Sklearn 中根据模型的类别对创建成功的一个或多个模型使用不同的指标评价该模型性能优劣的过程。目前,较为常用的模型评估方法有交叉验证、检验曲线、metrics 模块等,常用的模型评估函数如表 2-35 所示。

表 2-35　常用的模型评估函数

类别		函数	描述	所属模块
交叉验证		cross_val_score()	以分组的方式将数据集拆分成训练集和测试集对模型进行训练并评估预测性能,减轻了模型的过拟合问题	model_selection
检验曲线		learning_curve()	选择并设置从欠拟合到拟合再到过拟合过程中的超参数实现模型的优化,提高了模型的性能,使其预测更加精准	
metrics 模块	分类指标	accuracy_score()	准确率,用于表示所有分类正确的百分比,即正确分类的样本数与总样本数之比	metrics
	回归指标	mean_squared_error()	L2 损失或均方误差函数,简称 MSE,用于计算目标变量与预测值之间距离平方之和	

常用模型评估函数使用的语法格式如下所示。

```
# 导入模块
from sklearn import naive_bayes
from sklearn import model_selection
from sklearn import metrics
# 模型评估
```

```
CrossValScore=model_selection.cross_val_score(estimator,X, y=None, groups=None, cv=5,
scoring=None)
LearningCurve=model_selection.learning_curve(estimator,X,y=None,cv=5,scoring=None)
AccuracyScore=metrics.accuracy_score(y_true,y_pred,normalize=True)
MSE=metrics.mean_squared_error(y_true,y_pred,multioutput='uniform_average')
```

其中,cross_val_score() 函数常用参数的说明如表 2-36 所示。

表 2-36　cross_val_score() 函数常用参数的说明

参数	说明
estimator	需要评估的算法模型,包含 fit() 方法
X	样本数据
y	每个样本对应的标签,默认值为 None
groups	样本分组数,默认值为 None
cv	交叉验证的 k 值,默认值为 5
scoring	评价方式,值为 accuracy(准确性)、mean_squared_error(均方误差)、None,默认值为 None

learning_curve() 函数常用参数的说明如表 2-37 所示。

表 2-37　learning_curve() 函数常用参数的说明

参数	说明
estimator	需要评估的算法模型,包含 fit() 方法
X	样本数据
y	每个样本对应的标签,默认为 None
cv	交叉验证的 k 值,默认值为 5
scoring	评价方式,值为 accuracy(准确性)、mean_squared_error(均方误差)、None,默认值为 None

accuracy_score() 函数常用参数的说明如表 2-38 所示。

表 2-38　accuracy_score() 函数常用参数的说明

参数	说明
y_true	测试样本对应的标签
y_pred	算法返回的预测标签
normalize	默认值为 True,返回正确分类样本的分数;值为 False 时,返回正确分类的样本数

mean_squared_error() 函数常用参数的说明如表 2-39 所示。

表 2-39　mean_squared_error() 函数常用参数的说明

参数	说明
y_true	测试样本对应的标签
y_pred	算法返回的预测标签
multioutput	多维输入输出，默认值为 'uniform_average'，计算所有元素的均方误差，返回值为一个标量；当值为 'raw_values' 时，则计算对应列的均方误差，返回一个与列数相等的一维数组

以 accuracy_score() 函数对朴素贝叶斯模型准确率进行评估为例，对模型评估相关函数的使用进行讲解，代码 CORE0210 如下所示。

```
代码 CORE0210
# 导入模块
from sklearn import datasets
from sklearn import model_selection
from sklearn import naive_bayes
from sklearn import metrics
# 加载数据集
iris=datasets.load_iris()
# 数据集划分
train_subset,test_subset,train_label,test_label=model_selection.train_test_split(iris.data, iris.target, test_size=0.3)
# 朴素贝叶斯算法
GaussianNB=naive_bayes.GaussianNB()
# 训练数据
GaussianNB.fit(train_subset, train_label)
# 预测所属类别
Result_predict=GaussianNB.predict(test_subset)
# 评估准确率
accuracy_score=metrics.accuracy_score(test_label,Result_predict)
accuracy_score
```

模型评估结果如图 2-23 所示。

$$0.9777777777777777$$

图 2-23　模型评估结果

技能点四　模型保存与加载

Sklearn 模型的保存和加载函数被包含在 Python 的 joblib（在使用前需下载安装）模块中,通过将已经训练的模型保存起来,可以减少重新训练的时间,提高模型使用效率。Sklearn 模型的保存和加载函数如表 2-40 所示。

表 2-40　Sklearn 模型的保存和加载函数

函数	描述
dump()	将模型存储在指定的目录
load()	通过文件路径加载模型

其中, dump() 函数接收两个常用参数,分别是模型名称和存储路径,并且在存储路径中需要加入模型名称和存储格式, Sklearn 支持两种模型存储格式,分别是 model（以".m"为后缀）和 pickle（以".pkl"为后缀）,语法格式如下所示。

```
# 导入模块
import joblib
# 保存模型
joblib.dump( 模型 , '模型名称 .pkl')
```

load() 函数则只需通过模型的存储路径即可实现模型的加载,语法格式如下所示。

```
# 导入模块
import joblib
# 加载模型
joblib.load('模型名称 .pkl')
```

下面使用 joblib 模块保存上面的朴素贝叶斯算法模型并进行模型加载,代码 CORE0211 如下所示。

```
代码 CORE0211
# 导入模块
import joblib
import numpy as np
# 保存模型
joblib.dump(GaussianNB, 'GaussianNB.pkl')
# 定义测试数据
```

```
data_test=np.array([6,4,6,2])
data=data_test.reshape(1,-1)
# 载入模型
model=joblib.load('GaussianNB.pkl')
# 预测所属类别
Result_predict=model.predict(data)
Result_predict
```

模型保存结果和模型加载与预测结果如图 2-24 和图 2-25 所示。

['GaussianNB.pkl']

图 2-24　模型保存结果

array([2])

图 2-25　模型加载与预测结果

通过上面的学习，掌握了 Sklearn 模型的训练、评估、保存、加载等知识，通过以下几个步骤，完成员工主动离职预警模型的搭建。

第一步：导入数据。使用 Pandas 模块提供的 read_csv() 函数读取企业员工相关数据，包括员工满意程度、每月平均工作时长、工龄、是否有工伤、是否离职等，代码 CORE0212 如下所示。

代码 CORE0212
# 导入 pandas 模块
import pandas as pd
# 读取数据
hr=pd.read_csv('hr.csv')
hr

导入数据结果如图 2-26 所示。

	satisfaction_level	last_evaluation	number_project	average_montly_hours	time_spend_company	Work_accident	left	promotion_last_5years	sales	salary
0	0.38	0.53	2	157	3	0	1	0	sales	low
1	0.80	0.86	5	262	6	0	1	0	sales	medium
2	0.11	0.88	7	272	4	0	1	0	sales	medium
3	0.72	0.87	5	223	5	0	1	0	sales	low
4	0.37	0.52	2	159	3	0	1	0	sales	low
...	...	...	...	...	...	...	...	...	...	...
14994	0.40	0.57	2	151	3	0	1	0	support	low
14995	0.37	0.48	2	160	3	0	1	0	support	low
14996	0.37	0.53	2	143	3	0	1	0	support	low
14997	0.11	0.96	6	280	4	0	1	0	support	low
14998	0.37	0.52	2	158	3	0	1	0	support	low

14999 rows × 10 columns

图 2-26 导入数据结果

第二步：数据类型转化。通过观察，薪资水平含有顺序意义，因此需要将字符型数据转化为数值型数据，代码 CORE0213 如下所示。

代码 CORE0213

```
hr['salary'] = hr.salary.map({"low": 0, "medium": 1, "high": 2})
hr.salary.unique()
```

数据类型转化结果如图 2-27 所示。

$$array([0, 1, 2], dtype=int64)$$

图 2-27 数据类型转化结果

第三步：one-hot 编码。由于岗位是定类型变量，因此，使用 Pandas 的 get_dummies() 函数对员工数据进行编码，代码 CORE0214 如下所示。

代码 CORE0214

```
hr_one_hot=pd.get_dummies(hr, prefix="dep")
hr_one_hot
```

one-hot 编码结果如图 2-28 所示。

...ars	salary	dep_IT	dep_RandD	dep_accounting	dep_hr	dep_management	dep_marketing	dep_product_mng	dep_sales	dep_support	dep_technical
0	0	0	0	0	0	0	0	0	1	0	0
0	1	0	0	0	0	0	0	0	1	0	0
0	1	0	0	0	0	0	0	0	1	0	0
0	0	0	0	0	0	0	0	0	1	0	0
0	0	0	0	0	0	0	0	0	1	0	0
...	...	...	...	...	...	...	...	...	...	...	...
0	0	0	0	0	0	0	0	0	0	1	0
0	0	0	0	0	0	0	0	0	0	1	0
0	0	0	0	0	0	0	0	0	0	1	0
0	0	0	0	0	0	0	0	0	0	1	0

图 2-28 one-hot 编码结果

第四步：归一化处理。由于多个特征之间差异较大，会造成梯度下降，算法收敛速度变慢，因此进行归一化处理，这里使用数学公式实现，代码 CORE0215 如下所示。

代码 CORE0215
hours=hr_one_hot['average_montly_hours'] hr_one_hot['average_montly_hours']=hr_one_hot.average_montly_hours.apply(lambda x: (x-hours.min()) / (hours.max()-hours.min())) hr_one_hot['average_montly_hours']

归一化处理结果如图 2-29 所示。

```
0          0.285047
1          0.775701
2          0.822430
3          0.593458
4          0.294393
              ...
14994      0.257009
14995      0.299065
14996      0.219626
14997      0.859813
14998      0.289720
Name: average_montly_hours, Length: 14999, dtype: float64
```

图 2-29 归一化值处理结果

第五步：划分数据集。由于模型主要对离职情况进行预测，因此需要将去除离职情况的数据作为样本数据，以离职数据作为每个样本对应的标签对数据进行划分，代码 CORE0216 如下所示。

代码 CORE0216

# 导入 sklearn 模块的 model_selection 	
from sklearn import model_selection
# 去除离职数据 	
X = hr_one_hot.drop(['left'], axis=1)
# 获取离职数据 	
y = hr_one_hot['left']
# 划分训练集和测试集 	
X_train,X_test,y_train,y_test=model_selection.train_test_split(X,y,test_size=0.2,random_state=1)

第六步：构建朴素贝叶斯模型并进行训练。构建朴素贝叶斯模型，之后设置各个样本对应的先验概率，最后获取测试集的预测结果并评估模型的准确率，代码 CORE0217 如下所示。

代码 CORE0217
导入 Sklearn 模块的 naive_bayes 和 metrics

```
from Sklearn import naive_bayes
from Sklearn import metrics
# 构建朴素贝叶斯模型
GaussianNB=naive_bayes.GaussianNB()
# 训练数据
GaussianNB.fit(X_train,y_train)
# 设置各个样本对应的先验概率
GaussianNB.set_params(priors=[0.333, 0.333, 0.333],var_smoothing=1e+09)
# 获取预测结果
GN_Result_predict=GaussianNB.predict(X_test)
# 评估测试集准确率
accuracy_score=metrics.accuracy_score(y_test,GN_Result_predict)
print(accuracy_score)
```

朴素贝叶斯模型准确率结果结果如图 2-30 所示。

0.741

图 2-30　朴素贝叶斯模型准确率结果

第七步：构建支持向量机模型并进行训练。设置惩罚系数、核函数、核函数系数以及决策函数构建支持向量机模型并训练，之后获取测试集的预测结果并评估模型的准确率，代码 CORE0218 如下所示。

```
代码 CORE0218
# 导入 Sklearn 模块的 svm
from Sklearn import svm
# 构建支持向量机模型
SVC=svm.SVC(C=0.8, kernel='rbf', gamma=10, decision_function_shape='ovr')
# 训练数据
SVC.fit(X_train, y_train)
# 获取预测结果
SVC_Result_predict=SVC.predict(X_test)
# 评估测试集准确率
accuracy_score=metrics.accuracy_score(y_test,SVC_Result_predict)
print(accuracy_score)
```

支持向量机模型准确率结果如图 2-31 所示。

0.9643333333333334

图 2-31　支持向量机模型准确率

第八步：保存模型。导入 joblib 模块，之后通过 dump() 函数将准确率较高的模型保存到本地，代码 CORE0219 如下所示。

代码 CORE0219

```
# 导入 joblib 模块
import joblib
# 保存支持向量机模型
joblib.dump(SVC, 'SVC.pkl')
```

保存模型结果如图 2-32 所示。

['SVC.pkl']

图 2-32　保存模型结果

第九步：模型加载并测试。通过 load() 函数加载上面保存的模型，之后进行测试集数据的预测并评估准确率，如果与模型保存前的准确率相同，说明模型保存与加载成功，代码 CORE0220 如下所示。

代码 CORE0220

```
# 加载模型
SVC_model=joblib.load('SVC.pkl')
# 获取预测结果
New_SVC_Result_predict=SVC_model.predict(X_test)
# 评估测试集准确率
accuracy_score=metrics.accuracy_score(y_test,New_SVC_Result_predict)
print(accuracy_score)
```

模型加载与测试结果结果如图 2-33 所示。

0.9643333333333334

图 2-33　模型加载与测试结果

任 务 总 结

本项目通过搭建员工主动离职预警模型，使读者对 Sklearn 数据集和数据处理相关知识有了初步了解，对 Sklearn 模型的训练、评估、保存、加载等操作亦有所了解和掌握。

preprocessing	预处理	feature	特征
matrix	矩阵	priors	先验
datasets	资料集	support	支持

1. 选择题

（1）下列数据集中名称与加载方法不匹配的是（　　）。

A. 鸢尾花数据集：load_iris()

B. 波士顿房价数据集：fetch_california_housing()

C. 20 类新闻文本数据集：fetch_20newsgroups()

D. 手写数字数据集：load_digits()

（2）Sklearn 中，常用的特征提取不包含（　　）。

A. 字典特征提取　　　　　　　　　　B. 数字特征提取

C. 文本特征提取　　　　　　　　　　D. 图形特征提取

（3）用于实现朴素贝叶斯模型的函数是（　　）。

A. GaussianNB()　　　　　　　　　　B. SVC()

C. LogisticRegression()　　　　　　　D. KMeans()

（4）用于实现逻辑回归模型的函数是（　　）。

A. LinearRegression()　　　　　　　　B. PolynomialFeatures()

C. LogisticRegression()　　　　　　　D. Ridge()

（5）K-MEANS 聚类算法主要通过参数设置（　　）值实现初始聚类中心的随机选取。

A. c　　　　　　　　B. k　　　　　　　　C. α　　　　　　　　D. l

2. 简答题

（1）使用决策树算法对自定义数据集包含的数据进行分类。

（2）保存以上创建的模型，并使用该模型对单个数据进行预测。

项目三　机器学习并行训练

通过对 Spark MLlib 基础知识的学习，了解在大规模机器学习任务中使用 Spark 进行并行训练的方法，掌握 Spark MLlib 的使用方法和优化方法，了解 Spark MLlib 的训练流程，以及 Spark MLlib 库与 Spark ML 库的区别。在任务实施过程中：

● 了解并行计算对算法训练的加速效果；
● 熟悉 Spark 分布式计算架构；
● 掌握 Spark MLlib 并行训练机器学习的流程；
● 具有基于 Spark 进行机器学习并行训练及优化的能力。

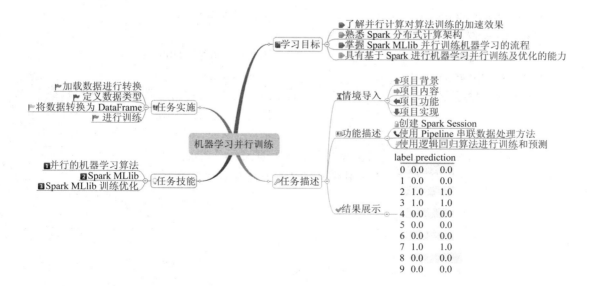

【 情境导入 】

随着计算能力的提升,机器学习算法的应用场景逐渐扩大,很多曾经难以实现的大规模数据预测任务也变得可行。当研究者在对城市个人收入进行分析时,往往会采用问卷调查等方式,但在实现过程中难免会遇到数据误差。本项目利用 Spark 通过对人口普查数据的学习,来实现通过普查数据预测个人收入的任务,为分析人员带来新的研究方法。

【 功能描述 】

● 创建 Spark Session。
● 使用 Pipeline 串联数据处理方法。
● 使用逻辑回归算法进行训练和预测。

【 结果展示 】

通过对本项目的学习,能够使用 Spark 实现机器学习并行训练,如图 3-1 所示。

	label	prediction
0	0.0	0.0
1	0.0	0.0
2	1.0	1.0
3	1.0	1.0
4	0.0	0.0
5	0.0	0.0
6	0.0	0.0
7	1.0	1.0
8	0.0	0.0
9	0.0	0.0

图 3-1 结果图

技能点一 并行的机器学习算法

训练常见的机器学习算法通常不会耗费大量的时间,但当数据量很大、数据维度很广或算法复杂时,算法的训练速度和结果往往不尽如人意,可能会遇到内存不足、单台机器训练缓慢等问题。为了适应大规模数据和复杂算法的训练,人工智能平台往往会采用并行训练的方式,常见的方式如 Spark、Parameter Server、Tensorflow,分别代表了 3 种并行训练的实现技术,后两者常用于深度学习的并行训练,Spark 常用于机器学习并行训练。

有些机器学习算法天生就适合并行,例如随机森林算法,如图 3-2 所示。它是一种集成算法,属于 Bagging 类型,组合多个弱分类器,最终的结果通过投票或取均值获得。

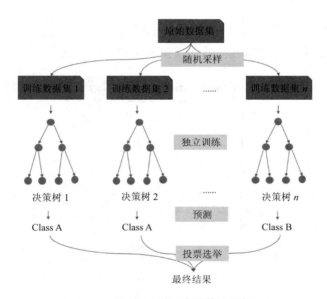

图 3-2 随机森林算法结构

由于随机森林算法内部的分类算法是分别训练、相互独立的,因此可以使用多个进程同时训练弱决策树。在预测时,也采用并行的方法,在每个弱决策树中分别预测,再对全部结果进行综合计算。

通过 Sklearn 就可以实现随机森林多线程的并行计算,代码 CORE0301 如下所示。

代码 CORE0301

```
# 导入模块
from time import time
from sklearn.datasets import make_classification
from sklearn.ensemble import RandomForestClassifier
# 随机生成数据集
X, y=make_classification(n_samples=10000, n_features=20, n_informative=15, n_
redundant=5, random_state=3)
# 比较不同并行度
n_cores=[1, 2, 3, 4, 5, 6, 7, 8]
for n in n_cores:
    # 记录起始时间
    start=time()
    # 定义模型并训练
    model=RandomForestClassifier(n_estimators=50, n_jobs=n)
    model.fit(X, y)
    # 记录结束时间
    end=time()
    # 打印本次训练时长
    result=end - start
    print('cores=%d: %.2f seconds' % (n, result))
```

上述代码使用了不同并行度训练随机森林算法,并打印出训练使用的时长,结果如图 3-3 所示。

cores=1: 1.64 seconds
cores=2: 1.24 seconds
cores=3: 0.85 seconds
cores=4: 0.65 seconds
cores=5: 0.56 seconds
cores=6: 0.55 seconds
cores=7: 0.46 seconds
cores=8: 0.45 seconds

图 3-3　不同并行度训练随机森林算法的耗时

当并行度逐渐增加时,训练速度会降低,直到一定数量减少的程度不再明显。

但不是所有机器学习方法都能直接采用并行训练,例如梯度提升决策树(简称 GBDT),它采用加法模型(即基函数的线性组合),不断减小训练过程产生的残差并将数据进行分类或者回归,GBDT 每一次训练出来的弱分类器都会被用来进行下一个弱分类器的训练。因此,GBDT 每个弱分类器间不是独立的,无法直接进行并行训练,GBDT 算法结构如图 3-4 所示。

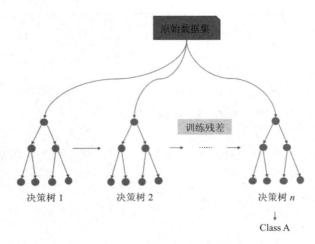

图 3-4　GBDT 算法结构

技能点二　Spark MLlib

1. Spark 分布式原理

Spark MLlib 提供了另一个思路来解决 GBDT 不能并行训练的问题,它借用了 Spark 的内存计算和分布式计算思想,可以将机器学习扩大到更大规模。在探讨 MLlib 如何进行分布式训练之前,先了解一下 Spark 分布式架构。

在分布式环境下,集群架构如图 3-5 所示,Spark 采用的是分布式计算中的 master-slave 结构,其中 master 是资源管理器或含有 master 进程的节点,slave 是含有 worker 进程的节点。master 是整个集群的控制器,并负责整个集群的运行,worker 是计算节点,接收主节点的命令并汇报状态。在这其中 executor 负责任务执行,driver 负责控制执行,client 负责提交应用。

在这个架构中,涉及的基本组件如下。

● cluster manager: 在 standalone 模式下即为 master 主节点,在 yarn 或 mesos 模式下为集群资源管理器,用于控制整个集群,监控 worker 节点。

● Worker 节点:从节点上的守护进程,负责管理本节点资源,定期向 cluster manager 汇报及接收命令,启停 driver 和 executor。

● driver: 运行 main 函数,并创建 SparkContext,创建 SparkContext 的目的是为 Spark 准备运行环境,并与 cluster manager 通信,进行资源申请、任务分配和监控。

● executor: 真正执行作业的地方,是为某个应用运行在 worker node 上的进程,一个 worker 可以有一个或多个 executor,一个 executor 可以执行一个或多个 task。

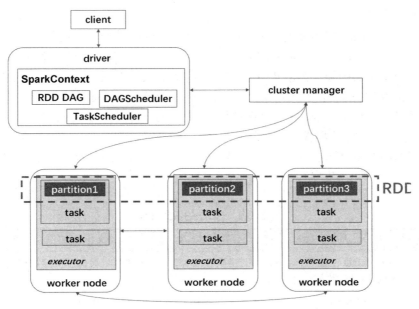

图 3-5　Spark 分布式架构

● task: 是 executor 上的工作单元。driver 任务分配是先利用 DAGScheduler 将用户程序的计算过程分为多个阶段（stage），然后利用 TaskScheduler 将每个阶段的计算任务分到每个 executor 上执行，executor 上分得的具体任务就是 task。

在 standalone 模式下，集群架构也可以用图 3-6 表示，master 节点作为 cluster manager 负责控制整个集群，当收到 client 的启动命令后，向从节点发送启动 driver 和 executor 的要求，由 worker 负责执行。driver 和 executor 启动后，driver 创建 Spark 应用的运行环境，并负责把用户程序转换成多个物理执行单元，即 task，并负责协调 executor 间的任务调度。

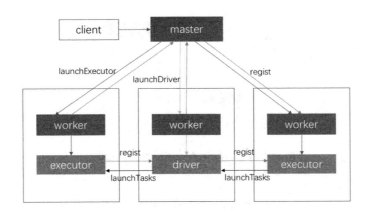

图 3-6　standalone 模式下的 Spark 分布式架构

2. RDD 介绍

在 Spark 中，RDD 的概念不得不提，上述在 task 上的计算最终的作用对象大部分都会落在 RDD 上。

● RDD（Resilient Distributed Datasets），即弹性分布式数据集，是分布在集群中的只读对象集合，由多个分区组成。在图 3-4 中，对于同一任务的每个 task 分别产生一个分区数据，这些分区的集合组成一个 RDD，此处要注意 RDD 的分布式概念。

● 对 RDD 的操作分为四类，用于执行不同的任务，具体如表 3-1 所示，但有趣的是，RDD 采用惰性运算，即在 RDD 的执行过程中，真正的计算发生在 RDD 的行动操作中，对于行动操作之前的所有转换操作，Spark 只是记录下转换操作应用的一些基础数据集以及RDD 生成的轨迹，即相互之间的依赖关系，而不会触发真正的计算。它们之间的关系如图3-7 所示。

表 3-1　RDD 的四类操作

操作名称	描述
创建操作	用于 RDD 创建工作。RDD 创建只有两种方法，一种是来自内存集合或外部存储系统，另一种是通过转换操作生成 RDD（更多操作见表 3-2）
转换操作	将 RDD 通过一定的操作变换成新的 RDD，比如 HadoopRDD 可以使用 map 操作变换为 MappedRDD，常见操作如 map, groupByKey, filter（更多操作见表 3-3）
控制操作	进行 RDD 持久化，可以让 RDD 按不同的存储策略保存在磁盘或者内存中，比如 cache 接口默认将 RDD 缓存在内存中
行动操作	能够触发 Spark 运行的操作，例如，对 RDD 进行 collect 就是行动操作。Spark 中行动操作分为两类：一类的操作结果是变成 Java 集合或变量；另一类将 RDD 保存到外部文件系统或数据库中。常见操作如 collect, count（更多操作见表 3-4）

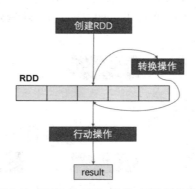

图 3-7　RDD 的创建、转换、行动操作图示

表 3-2　常见的创建操作

操作名称	描述
sc.parallelize()	为已存在的数据对象创建分布式数据集
sc.textFile()	从外部数据源创建分布式数据集

表 3-3 常见的转换操作

操作名称	描述	操作名称	描述
map()	对 RDD 中的每个元素都执行一个指定函数来产生新 RDD	filter()	对 RDD 元素进行过滤
flatmap()	类似于 map()，但对每一个输入，都会映射 0 到多个输出	mapPartitions()/mapPartitionsWithIndex()	类似于 map()，但输入是每个分区的数据，将分区作为整体
sample()	随机抽样	union()	数据合并
intersection()	数据交集	distinct()	数据去重
groupByKey()	数据分组，(K,V)=>(K,Seq[V])	reduceByKey	数据分组聚合，通过自定义函数聚合，(K,V)=>(K,V)
aggregateByKey()	数据分组聚合，堪称更抽象、更灵活的 reduce 或 group	combineByKey	数据分组聚合，通过自定义函数聚合，(K,V)=>(K,U)
sortByKey()	排序操作，按照 K 进行排序	join()	连接操作，(K,V),(K,W)=>(K,(V,W))
cogroup()	连接操作，(K,V),(K,W)=>(K,Seq[V],Seq[W])	cartesian()	笛卡尔积操作

表 3-4 常见的行动操作

操作名称	描述	操作名称	描述
reduce()	对数据集所有元素执行聚合操作	collect()	将分布式 RDD 返回单机的 array 数组
count()	返回数据集元素个数	first()/take()/takeOrdered	返回数据集第一个元素 / 前 n 个元素 / 随机的 n 个元素并排序
saveAsTextFile()	将数据元素写入一个文本文件	countByKey()	对 (K,V) 数据组返回 (K,Int) 的 map，Int 为 K 的个数
foreach()	对数据集中的每个元素都执行自定义函数，返回 unit	saveAsObjectFile()	写入 HDFS
collectAsMap()	返回单机 HashMap，对于重复 K 的元素，后面元素覆盖前面	reduceByKeyLocally()	先对 RDD 进行 reduce 操作，再收集所有结果返回 HashMap
lookup()	返回指定 K 对应元素形成的 Seq	top()	返回最大的 k 个元素

为了更好地理解 Spark 分布式计算，我们用一个简单的例子来说明，这里我们使用 pyspark，pyspark 实现了 Spark 对于 Python 的 API。

部署完成 Spark 集群后,在命令行中输入 pyspark --master local[4],表示使用本地机器的 4 核来启动 Spark 环境,如果不加 master 参数则采用默认值。

启动 Spark 环境后,一个特殊的集成在解释器里的 SparkContext 变量已经建立好了,变量名为 sc,直接使用即可,如图 3-8 所示。在 pyspark 中创建自己的 SparkContext 不会起作用,这里只是为了方便说明,在实际使用中很少用这种方法创建 SparkContext。

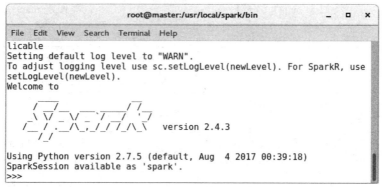

图 3-8 pyspark 命令行示例

在该命令行中,依次执行如下命令。

```
# 创建测试数据
data=[1,2,3,4,5]
# 构建 RDD
distData=sc.parallelize(data)
# RDD 的转换操作
mappedData=distData.map(lambda x: (x,"a"*x))
# RDD 的行动操作 ( 到此处才开始真正执行 )
mappedData.collect()
```

RDD 操作结果如图 3-9 所示。

```
Using Python version 2.7.5 (default, Aug  4 2017 00:39:18)
SparkSession available as 'spark'.
>>> data = [1,2,3,4,5]
>>> distData = sc.parallelize(data)
>>> mappedData = distData.map(lambda x: (x,"a"*x))
>>> mappedData.collect()
[Stage 0:>                                                    (0
[(1, 'a'), (2, 'aa'), (3, 'aaa'), (4, 'aaaa'), (5, 'aaaaa')]
>>>
```

图 3-9 RDD 操作结果

上述代码涉及了 RDD 的 3 种操作:distData 是通过创建操作获取的;mappedData 是通过转换操作得到的;对 mappedData 执行 collect() 方法是行动操作,是将该 RDD 所有分区数据集中收集起来,返回全部结果。

如果要查看 RDD 分区数量，可以使用 getNumPartitions() 方法，由于我们启动 Spark-Context 时只用了 4 核，这里的分区数量也是 4。为了更清楚地理解 RDD，使用 glom() 方法将同一个分区里的元素合并到一个 array 里，命令如下所示。

```
distData.getNumPartitions()
distData.glom().collect()
mappedData.glom().collect()
```

RDD 执行结果如图 3-10 所示。

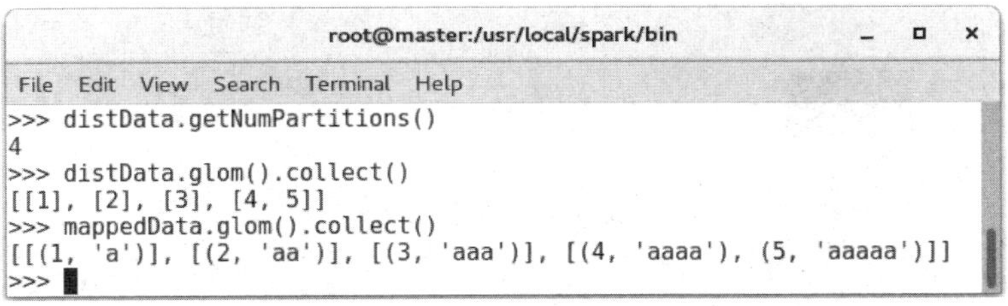

图 3-10   RDD 执行结果

从图中可以看出 distData 的 5 条数据分为了 4 个部分，同样的操作作用到 mappedData，mappedData 与 distData 一脉相承，RDD 的转换操作不涉及 executor 间的交互，仍在原分区内执行。

3. Spark MLlib 介绍

技能点一介绍了可以并行计算的随机森林算法，本部分将探讨 Spark MLlib 对于其他算法的分布式计算支持。在 Spark MLlib 中，由于各个算法结构不同，分布式计算的实现方式也有所不同。

例如在 Spark MLlib 中，线性回归模型采用随机梯度下降算法来优化目标函数，在分布计算式中，可以把一个批次（batch）的数据分成几部分分别计算，然后使用聚合函数对样本的梯度进行累加，得到一个 batch 的平均梯度及损失，最后根据最新的梯度及上次迭代的权重进行参数更新。

Spark 采用的是内存计算的 mapreduce 函数，在 mapreduce 函数中可以使用 map 函数对各分区数据进行前向运算，reduce 函数对同一权重进行梯度累加。梯度聚合的过程如图 3-11 所示。

Spark MLlib 的决策树不仅仅在计算梯度时使用了分布式，在特征选择中也有体现。例如对于大型分布式数据集，对连续性特征值进行排序非常昂贵，Spark MLlib 通过对数据的采样部分执行分位数计算来计算一组近似的拆分候选集。对于 GBDT 算法，Spark MLlib 就以分布式决策树为基础，实现了分布式的 GBDT 算法。

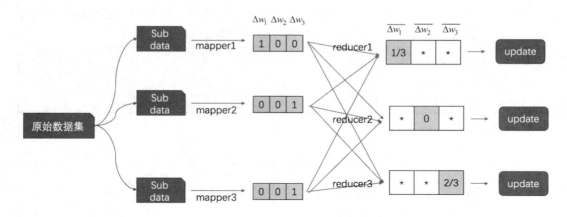

图 3-11　梯度聚合

Spark MLlib 支持多种数据分析方法、特征转换方法和机器学习算法,表 3-5 列举了一些 Spark MLlib 支持的常用方法。

表 3-5　Spark MLlib 支持的常用方法

任务	支持算法
数据分析统计	基本统计、相关性分析、分层抽样、假设检验、流显著性测试、随机数据生成、核密度估计
特征提取	TF-IDF,Worf2Vec,CountVectorizer,FeatureHasher
特征转换	Tokernizer,StopWordsRemover,n-gram,OneHotEncoder,Normalizer 等
二分类	线性 SVM、逻辑回归、决策树、随机森林、梯度提升树、朴素贝叶斯
多分类	逻辑回归、决策树、随机森林、朴素贝叶斯
回归	线性最小二乘、Lasso 回归、岭回归、决策树、随机森林、梯度提升术、保序回归
协同过滤	基于模型的协同过滤
聚类	K-means、高斯混合、PIC、LDA
降维	SVD、PCA

4. 使用 Spark MLlib 并行训练机器学习模型

在一些人工智能平台中,常常会用到 Spark MLlib 来实现分布式机器学习算法,或者在 Spark 基础上进行上层开发,因此需要实施人员掌握使用及测试方法。Spark MLlib 的使用非常简单,在使用 pyspark 时直接引用即可,使用其他方法搭建 Spark 环境时,如 maven,需要手动添加 Spark MLlib 依赖库。例如在 maven 中添加 Spark MLlib 的 2.11 版本依赖库,命令如下所示。

```
<dependency>
<groupId>org.apache.spark</groupId>
<artifactId>spark-MLlib_2.11</artifactId>
```

```
<version>2.0.0</version>
</dependency>
```

以使用 Spark MLlib 训练决策树算法为例,此处我们使用通过 spark-submit 提交 Python 脚本的方法到 Spark 集群执行该任务。spark-submit 是 Spark 为各种集群管理器提供的统一提交作业的工具。代码 CORE0302 如下所示。

代码 CORE0302

```python
# 引入包
from pyspark import SparkContext
from pyspark.mllib.regression import LabeledPoint
from pyspark.mllib.tree import DecisionTree, DecisionTreeModel

# 主函数
def main():
    # 创建 spark 环境
    sc=SparkContext(appName="Pspark MLlib Example")
    # 创建训练数据,人为定义如果第一个特征值小于 0,则标签为 0.0,反之为 1.0
    trainData=sc.parallelize([LabeledPoint(1.0, [1.0,-12.0,23.0]),
                    LabeledPoint(1.0, [9.0,5.0,-4.0]),
                    LabeledPoint(1.0, [43.0,53.0,3.0]),
                    LabeledPoint(1.0, [3.0,19.0,-9.0]),
                    LabeledPoint(0.0, [-5.0,5.0,13.0]),
                    LabeledPoint(0.0, [-18.0,64.0,-25.0]),
                    LabeledPoint(0.0, [-4.0,7.0,88.0]),
                    LabeledPoint(0.0, [-7.0,2.0,25.0])])
    # 使用决策树模型做二分类,并训练
    model=DecisionTree.trainClassifier(trainData, numClasses=2,
categoricalFeaturesInfo={},impurity='gini', maxDepth=5, maxBins=32)
    # 创建测试数据
    testData=sc.parallelize([LabeledPoint(1.0, [13.0,-32.0,23.0]),
                    LabeledPoint(1.0, [68.0,18.0,-4.0]),
                    LabeledPoint(0.0, [-23.0,-5.0,1.0]),
                    LabeledPoint(0.0, [-19.0,-2.0,-94.0])])
    # 对测试数据做预测
    predictions=model.predict(testData.map(lambda x: x.features))
    labelsAndPredictions=testData.map(lambda lp: lp.label).zip(predictions)
    # 计算预测误差
    testErr=labelsAndPredictions.filter(
```

```
        lambda lp: lp[0] != lp[1]).count() / float(testData.count())
    print('Test Error=' + str(testErr))
    #打印训练好的决策树模型
    print('Learned classification tree model:')
    print(model.toDebugString())
    # 保存或加载模型
    #model.save(sc, "tmp/DecisionTreeClassificationModel")
    #sameModel = DecisionTreeModel.load(sc, "tmp/DecisionTreeClassificationModel")
if __name__ == "__main__":
    main()
```

将该脚本命名为 traintree.py，并在命令行中输入如下命令。

```
$ spark-submit traintree.py
```

如果在调用 spark-submit 时除了脚本或 jar 包之外没有别的参数，那这个 Spark 程序只会在本地执行。当希望将应用提交到 Spark 集群时，可以添加辅加参数。例如如下参数，连接到 192.168.1.1 机器 7077 端口的 standalone 集群。

```
$ spark-submit --master spark://192.168.1.1:7077 traintree.py
```

提交后可以在 spark web UI（默认 4040 端口）查看执行过程，执行结束后返回需要打印的内容。

如图 3-12 的结果显示，本次训练的决策树模型在测试集数据中误差为 0.0，产生了一个深度为 1 的决策树，如果第一个特征值≤ -1.5，则预测为 0.0，如果第一个特征值＞-1.5，则预测为 1.0。

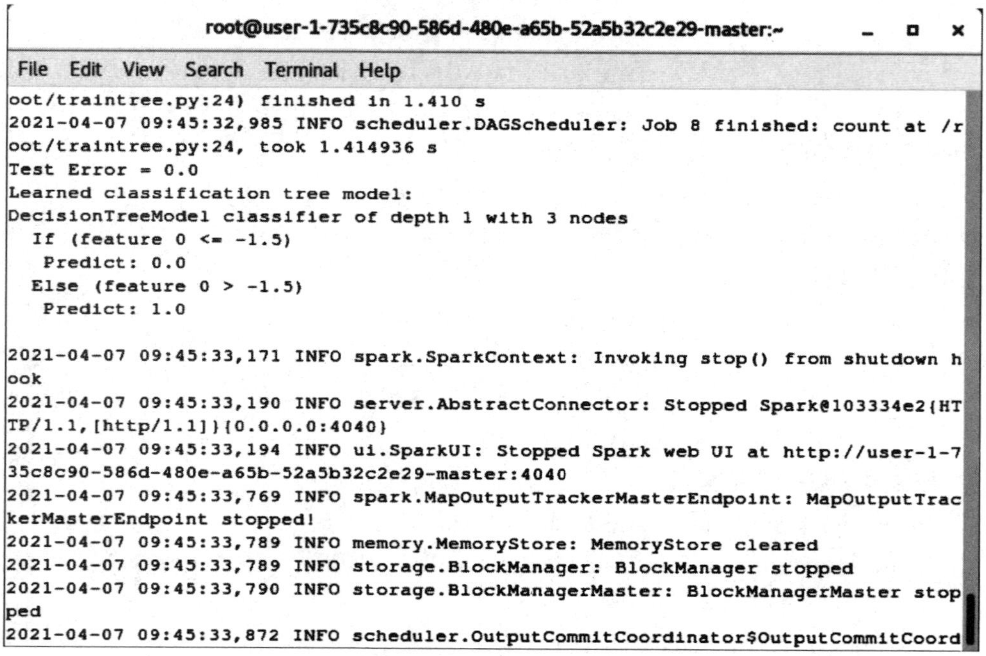

图 3-12　决策树训练结果

如果 spark-submit 后面不加参数，则使用默认值，事实上，spark-submit 的提交参数很重要，会影响应用的计算性能，常用参数的说明如表 3-6 所示。

表 3-6　spark-submit 常用参数的说明

参数	说明
--master	定义要连接的集群管理器，可以接收的值如下。 Ø spark://host:port，为 standalone 集群，默认主节点使用 7077 端口。 Ø mesos://host:port，为 mesos 集群，默认 mesos 主节点使用 5050 端口。 Ø yarn，为 yarn 集群，当在 yarn 上运行时，需要设置 HADOOP_CONF_DIR 指向 Hadoop 配置目录。 Ø local，为本地模式，使用单核。 Ø local[N]，为本地模式，使用 N 个核心。 Ø local[*]，为本地模式，使用尽可能多的核心。
--deploy-mode	选择在哪里启动 driver，可选参数有 client(在本地启动 driver)，cluster(集群中的一个工作节点)
--class	运行 Java 或 Scala 程序时应用的主类
--name	应用的名称
--jars	需要上传并放到应用的 CLASSPATH 中的 JAR 包列表，如果应用依赖于少量的第三方 JAR 包，可以放在这个参数里
--py-files	需要添加到 PYTHONPATH 中的文件列表，可以使用 .py、.egg 及 .zip 文件
--executor-memory	执行器进程使用的内存量
--driver-memory	驱动器进程使用的内存量

例如使用 yarn 模式提交上述应用，命令如下所示。

```
$ export HADOOP_CONF_DIR=/opt/hadoop/conf
$ spark-submit
  --master yarn
  --deloy-mode client
  --name "MLlib test program"
  --num-executor 40
  --executor-memory 4g
  traintree.py
```

技能点三　Spark MLlib 训练优化

机器学习算法在 Spark MLlib 上优化的两个方向，一是提高数据吞吐量，二是提高算法训练速度。此处从分布式训练的角度说明提升算法训练速度的方法。

　　Spark MLlib 分布式训练的调优方法与 Spark 调优方法一脉相承,本质都是分布式计算。

　　Spark 调优方法有很多,如果没有对 Spark 进行合理调优,作业的执行速度可能并不能令人满意。调优需要根据不同业务场景和数据情况进行,这里介绍几种面向实施人员在人工智能机器算法训练时可能用到的 Spark 调优方法,可以在实际业务中进行有针对性的尝试。

　　影响 Spark 性能的因素主要是代码开发、资源参数以及数据倾斜。此处列出实施人员更关注的资源参数、shuffle 操作优化和数据倾斜部分的优化方法。

1. 资源参数调整

　　在 Spark 作业开发完成之后,就需要为作业配置合理的资源请求,这些资源请求参数基本上都可以在 spark-submit 命令中设置。如果资源参数设置得不合理,可能会导致集群资源不能得到充分利用,作业运行效率低;或者资源过大,会导致没有足够资源能够提供,从而报出异常,因此需要对资源参数进行充分认识。表 3-7 列出的是几个常用的资源参数及优化建议。

表 3-7　资源参数调整方法

名称	说明	调优建议
driver-memory	用于设置 driver 进程的内存	driver 的内存通常不用设置,或者设置 1 GB 左右就可以了。当需要使用 collect 算子将 RDD 的数据全部拉取到 driver 上进行处理,或有广播变量时,可以增加该值
spark.default. parallelism	用于设置每个 stage 的默认 task 数量,也就是并行程度	Spark 官网建议的设置原则是,num-ecutors×executor-cores 的 2~3 倍较为合适
num-executors	用于设置 Spark 作业总共要用多少个 executor 进程来执行。如果 yarn 模式下不设置的话,默认只会启动少量的 executor 进程。在 standalone 模式和 mesos 下不用设置此参数,默认尝试使用全部可用资源,或者使用 spark.cores.max 参数加以约束	每个 Spark 作业的运行一般设置 50~100 个 executor 进程比较合适。若设置的太少,无法充分利用集群资源;设置的太多,大部分队列可能无法给予充分的资源
executor-memory	用于设置每个 executor 进程的内存。executor 内存的大小,很多时候直接决定了 Spark 作业的性能,而且跟常见的 JVM OOM 异常也有直接的关联	每个 executor 进程的内存常设置为 4~8 GB。在实际使用时,num-executors 与 executor-memory 的乘积不能超过队列的最大内存量。如果多个任务共享资源队列,需要避免该作业占用其他作业资源

名称	说明	调优建议
executor-cores	用于设置每个 executor 进程的 CPU core 数量。这个参数决定了每个 executor 进程并行执行 task 线程的能力。每个 executor 进程的 CPU core 数量越多，越能够快速地执行完分配给自己的所有 task 线程	executor 的 CPU core 数量常设置为 2~4 个。num-executors×executor-cores 不能超过队列总的 CPU core 数量。如果多个任务共享资源队列，需要避免该作业占用其他作业资源

2. Shuffle 操作优化

Spark 中的 shuffle 操作功能是将分布在集群中多个节点上的同一个 key，拉取到同一个节点上，进行聚合或 join 操作，类似洗牌的操作。将这些分布在各个存储节点上的数据重新打乱然后汇聚到不同节点的过程就是 shuffle 过程。

若结果 RDD 的每个分区需要依赖上一个 RDD 的全部分区，则这种依赖是需要进行 shuffle 操作的。如 repartition 相关操作（repartition，coalesce）、*ByKey 操作（groupByKey，reduceByKey，combineByKey、aggregateByKey 等）、join 相关操作（cogroup，join）、distinct 操作，如上面例子中的 groupByKey 和 collect 就需要 shuffle 操作。

在 Spark 中，由于网络传输和文件读写操作 shuffle 相对耗时，开发时应该避免使用 shuffle 操作，或者通过以下方式提高 shuffle 速度。

● 减少 shuffle 数据量：在 shuffle 前过滤掉不必要的数据，只选取需要的字段处理。

● 针对 SparkSQL 和 DataFrame 的 join、group by 等操作：可以通过 spark.sql.shuffle.partitions 控制分区数，默认设置为 200，可根据 shuffle 的量以及计算的复杂度提高此值。

● RDD 的 join、group by、reduceByKey 等操作：通过 spark.default.parallelism 控制 shuffle read 与 reduce 处理的分区数。

● 提高 executor 的内存：即 spark.executor.memory 的值。

3. 数据倾斜优化

在进行 shuffle 时，必须将各个节点上相同的 key 拉取到某个节点上的一个 task 来进行处理，比如按照 key 进行聚合或 join 等操作。此时如果某个 key 对应的数据量特别大的话，就会发生数据倾斜。例如在 wordcount 任务中，Tom 这个单词出现了 3 次，the 出现 32 万次，那么对 the 的计数会更耗时，而整个 Spark 作业的运行进度是由运行时间最长的那个 task 决定的。解决这个问题有以下方式。

● 提高 shuffle 并行度，增加 shuffle read task 的数量，可以让原本分配给一个 task 的多个 key 分配给多个 task，从而让每个 task 处理比原来更少的数据。

● 重命名 key，例如采用随机前缀，将原先一样的 key 变成不一样的 key，就可以使这些处理后的"不同 key"分散到多个 task 中去处理，而不是让一个 task 处理大量相同的 key。

Spark 的优化工作是一件综合而复杂的事，以上方式是通用性的优化思路，在实际运用时需要结合具体任务进行尝试。

通过上面的学习,已经掌握了使用 Spark MLlib 训练决策树的方法。实际上除了 MLlib 和 Spark,还有另一个机器学习库叫作 ML。

ML 与 MLlib 在功能上有交叉,根据官方说法未来会主要支持 ML。两者的区别主要是面向的数据集不同,ML 是对 DataFrame 进行操作,MLlib 是对 RDD 进行操作,但训练流程类似。

以下步骤实现了一个使用 Spark ML 通过人口普查数据预测个人收入的任务。在本任务中,数据使用 UC Irvine Machine Learning Repository 的开源数据集,数据网址是 http://archive.ics.uci.edu/ml/datasets/Adult,数据集样例如图 3-13 所示。数据共 14 个特征,有 48 842 条,最后的标签为二分类,或收入≤50 000,或收入 >50 000,训练数据和测试数据分别存储在 adult.data 文件和 adult.text 文件中。

```
50, Self-emp-not-inc, 83311, Bachelors, 13, Married-civ-spouse, Exec-managerial, Husband, White, Male, 0, 0, 13, United-States, <=50K
38, Private, 215646, HS-grad, 9, Divorced, Handlers-cleaners, Not-in-family, White, Male, 0, 0, 40, United-States, <=50K
53, Private, 234721, 11th, 7, Married-civ-spouse, Handlers-cleaners, Husband, Black, Male, 0, 0, 40, United-States, <=50K
28, Private, 338409, Bachelors, 13, Married-civ-spouse, Prof-specialty, Wife, Black, Female, 0, 0, 40, Cuba, <=50K
37, Private, 284582, Masters, 14, Married-civ-spouse, Exec-managerial, Wife, White, Female, 0, 0, 40, United-States, <=50K
49, Private, 160187, 9th, 5, Married-spouse-absent, Other-service, Not-in-family, Black, Female, 0, 0, 16, Jamaica, <=50K
52, Self-emp-not-inc, 209642, HS-grad, 9, Married-civ-spouse, Exec-managerial, Husband, White, Male, 0, 0, 45, United-States, >50K
31, Private, 45781, Masters, 14, Never-married, Prof-specialty, Not-in-family, White, Female, 14084, 0, 50, United-States, >50K
42, Private, 159449, Bachelors, 13, Married-civ-spouse, Exec-managerial, Husband, White, Male, 5178, 0, 40, United-States, >50K
37, Private, 280464, Some-college, 10, Married-civ-spouse, Exec-managerial, Husband, Black, Male, 0, 0, 80, United-States, >50K
30, State-gov, 141297, Bachelors, 13, Married-civ-spouse, Prof-specialty, Husband, Asian-Pac-Islander, Male, 0, 0, 40, India, >50K
23, Private, 122272, Bachelors, 13, Never-married, Adm-clerical, Own-child, White, Female, 0, 0, 30, United-States, <=50K
32, Private, 205019, Assoc-acdm, 12, Never-married, Sales, Not-in-family, Black, Male, 0, 0, 50, United-States, <=50K
40, Private, 121772, Assoc-voc, 11, Married-civ-spouse, Craft-repair, Husband, Asian-Pac-Islander, Male, 0, 0, 40, ?, >50K
34, Private, 245487, 7th-8th, 4, Married-civ-spouse, Transport-moving, Husband, Amer-Indian-Eskimo, Male, 0, 0, 45, Mexico, <=50K
25, Self-emp-not-inc, 176756, HS-grad, 9, Never-married, Farming-fishing, Own-child, White, Male, 0, 0, 35, United-States, <=50K
32, Private, 186824, HS-grad, 9, Never-married, Machine-op-inspct, Unmarried, White, Male, 0, 0, 40, United-States, <=50K
38, Private, 28887, 11th, 7, Married-civ-spouse, Sales, Husband, White, Male, 0, 0, 50, United-States, <=50K
43, Self-emp-not-inc, 292175, Masters, 14, Divorced, Exec-managerial, Unmarried, White, Female, 0, 0, 45, United-States, >50K
40, Private, 193524, Doctorate, 16, Married-civ-spouse, Prof-specialty, Husband, White, Male, 0, 0, 60, United-States, >50K
54, Private, 302146, HS-grad, 9, Separated, Other-service, Unmarried, Black, Female, 0, 0, 20, United-States, <=50K
35, Federal-gov, 76845, 9th, 5, Married-civ-spouse, Farming-fishing, Husband, Black, Male, 0, 0, 40, United-States, <=50K
43, Private, 117037, 11th, 7, Married-civ-spouse, Transport-moving, Husband, White, Male, 0, 2042, 40, United-States, <=50K
59, Private, 109015, HS-grad, 9, Divorced, Tech-support, Unmarried, White, Female, 0, 0, 40, United-States, <=50K
56, Local-gov, 216851, Bachelors, 13, Married-civ-spouse, Tech-support, Husband, White, Male, 0, 0, 40, United-States, >50K
```

图 3-13　数据集样例

首先,使用 python 将原始数据转换成 csv 数据,代码 CORE03003 如下所示。

代码 CORE0303
导入模块 import pandas as pd column_names=[　'age', 　'workclass', 　'fnlwgt', 　'education', 　'education-num', 　'marital-status', 　'occupation', 　'relationship',

```
    'race',
    'sex',
    'capital-gain',
    'capital-loss',
    'hours-per-week',
    'native-country',
    'salary'
]
# 读取数据
train_df = pd.read_csv('adult.data', names=column_names)
test_df = pd.read_csv('adult.test', names=column_names)
# 数据处理,去除空格,并存储为 train.csv 和 test.csv 文件
train_df=train_df.apply(lambda x: x.str.strip() if x.dtype=='object' else x)
train_df.to_csv('train.csv', index=False, header=False)
test_df=test_df.apply(lambda x: x.str.strip() if x.dtype=='object' else x)
test_df.to_csv('test.csv', index=False, header=False)
```

其次,在 pyspark 中输入下列代码,用于数据处理和训练。

第一步,先建立 SparkSession,通过 SparkSession 可以不用显式地创建 SparkConf、SparkText 和 SQLContext,这些都已经封装在 SparkSession 中了,代码 CORE0304 如下所示。

代码 CORE0304

```
# 建立 SparkSession
spark = SparkSession.builder.appName("Predict Adult Salary").getOrCreate()
```

第二步,根据数据集格式定义各维度的数据类型,schema 是 DataFrame 和 RDD 的最大区别,代码 CORE0305 如下所示。

代码 CORE0305

```
schema=StructType([
    StructField("age", IntegerType(), True),
    StructField("workclass", StringType(), True),
    StructField("fnlwgt", IntegerType(), True),
    StructField("education", StringType(), True),
    StructField("education-num", IntegerType(), True),
    StructField("marital-status", StringType(), True),
    StructField("occupation", StringType(), True),
    StructField("relationship", StringType(), True),
    StructField("race", StringType(), True),
    StructField("sex", StringType(), True),
```

```
        StructField("capital-gain", IntegerType(), True),
        StructField("capital-loss", IntegerType(), True),
        StructField("hours-per-week", IntegerType(), True),
        StructField("native-country", StringType(), True),
        StructField("salary", StringType(), True)
    ])
```

第三步,读取 csv 文件并转换为 DataFrame,这一步与 Sklearn 相似,代码 CORE0306 如下所示。

代码 CORE0306

```
train_df=spark.read.csv('train.csv', header=False, schema=schema)
test_df=spark.read.csv('test.csv', header=False, schema=schema)
```

第四步,对 DataFrame 进行数据处理,这一步也与 Sklearn 相似,并使用 Pipeline 串联数据处理的方法,代码 CORE0307 如下所示。

代码 CORE0307

```
# 数据处理,对分类数据进行 ond-hot 处理
categorical_variables=['workclass', 'education', 'marital-status', 'occupation', 'relationship', 'race', 'sex', 'native-country']
indexers=[StringIndexer(inputCol=column, outputCol=column+"-index") for column in categorical_variables]
encoder=OneHotEncoderEstimator(
    inputCols=[indexer.getOutputCol() for indexer in indexers],
    outputCols=["{0}-encoded".format(indexer.getOutputCol()) for indexer in indexers]
)
assembler=VectorAssembler(
    inputCols=encoder.getOutputCols(),
    outputCol="categorical-features"
)
pipeline=Pipeline(stages=indexers + [encoder, assembler])
# 对 DataFrame 进行转换
train_df=pipeline.fit(train_df).transform(train_df)
test_df=pipeline.fit(test_df).transform(test_df)

# 数据处理,对几列连续值进行分层
continuous_variables=['age', 'fnlwgt', 'education-num', 'capital-gain', 'capital-loss', 'hoursper-week']
assembler=VectorAssembler(
```

```
        inputCols=['categorical-features', *continuous_variables],
        outputCol='features'
)
# 对 DataFrame 进行转换
train_df=assembler.transform(train_df)
test_df=assembler.transform(test_df)


# 将最后一列薪水标明为标签列
indexer=StringIndexer(inputCol='salary', outputCol='label')
train_df=indexer.fit(train_df).transform(train_df)
test_df=indexer.fit(test_df).transform(test_df)
```

第五步，整理好训练数据和预测数据后，就到了算法训练的部分，这里使用了逻辑回归算法，定义好算法之后，使用 fit() 函数进行训练，代码 CORE0308 如下所示。

代码 CORE0308

# 使用逻辑回归算法训练 	
lr=LogisticRegression(featuresCol='features', labelCol='label')
model=lr.fit(train_df)
 	
# 预测测试数据，并打印前 10 条 	
pred=model.transform(test_df)
pred.limit(10).toPandas()[['label', 'prediction']]

执行上述代码后，如果出现类似图 3-14 的结果则为成功。

	label	prediction
0	0.0	0.0
1	0.0	0.0
2	1.0	1.0
3	1.0	1.0
4	0.0	0.0
5	0.0	0.0
6	0.0	0.0
7	1.0	1.0
8	0.0	0.0
9	0.0	0.0

图 3-14　薪水预测任务执行结果

可以看出，ML 与 MLlib 的使用方法类似，但 ML 与 Sklearn 更为相似，在 ML 中无论是什么模型，都提供了统一的算法操作接口，比如模型训练都是使用 fit() 函数，而 MLlib 中不同模型会有各种各样的 train 某某某。

本项目通过对 Spark MLlib 的深入介绍，使读者能够掌握在 Spark 中进行分布式机器学习训练的方法，并能够通过 Spark 的调优方法对分布式训练进行优化。

Gradient Boosting Decision Tree	梯度提升决策树	encoder	编码器
shuffle	乱序	stage	阶段
normalize	标准化	parallelize	并行化
continuous	连续的	categorical	分类的
intersect	交叉	union	合并

1. 选择题

（1）以下方式中可以创建 RDD 的是（　　　）。

A. 从本地文件系统创建 RDD　　　　　　B. 使用 HDFS 创建 RDD

C. 基于数据流，如 socket 创建 RDD　　　D. 以上 3 种方式都可以

（2）DataFrame 和 RDD 最大的区别是（　　　）。

A. 科学统计支持　　　　　　　　　　　B. schema

C. 存储方式支持　　　　　　　　　　　D. 外部数据源支持

（3）Spark MLlib 不支持的算法是（　　　）。

A. GBDT　　　　　　　　　　　　　　B. 逻辑回归

C. 线性 SVM　　　　　　　　　　　　D. 循环神经网络

（4）以下为是行动操作的是（　　　）。

A. count()　　　　　　　　　　　　　B. sortByKey()

C. map()　　　　　　　　　　　　　　D. groupByKey()

（5）Stage 的 Task 数量是由（　　）决定的。

A. Partition　　　　　　　B. Job　　　　　　　C. Stage　　　　　　D. TaskScheduler

2. 简答题

（1）简述在 Spark MLlib 中，对于分类数据可以采取的数据处理方式。

（2）思考使用 Spark MLlib 进行 K-means 聚类的过程。

项目四 深度学习入门

通过对深度学习神经网络基础知识的学习，了解多层感知机的相关概念，熟悉 PyTorch 基础用法，掌握利用 PyTorch 构建普通网络层的方法，具备使用 PyTorch 搭建多层感知机的能力，在任务实施过程中：

● 了解深度学习相关知识；
● 熟悉 PyTorch 的简单使用方法；
● 掌握利用 PyTorch 构建网络层的方法；
● 具备使用 PyTorch 构建深度学习网络的能力。

【情境导入】

随着信息时代的发展，人工智能技术为现代社会的各个方面提供了强大的动力：从网络搜索到社交网络上的内容过滤再到电子商务网站上的信息推荐。这些应用程序越来越多地使用一类被称为深度学习的技术。深度学习逐渐成为开发者们必不可少的一项技能，深度学习框架的出现，极大地降低了我们开发深度学习模型的难度，只需要调用一些函数接口即可。而在开发深度学习模型前，我们仍需了解这些模型的基本原理。本项目通过对 PyTorch 基本操作的学习，来完成对多层感知机模型的构建。

【功能描述】

- 使用 torch.nn.Linear() 构建输入层和输出层。
- 使用 torch.nn.Linear() 和 torch.nn.Linear().Sigmoid() 构建隐藏层。
- 组合各层形成多层感知机模型。

【结果展示】

通过对本项目的学习，能够使用 PyTorch 搭建完整的多层感知机模型，如图 4-1 所示。

```
MLP(
        Linear(in_features=3, out_features=4, bias=True)
        Sigmoid()
        Linear(in_features=4, out_features=2, bias=True)
        Sigmoid()
        Linear(in_features=2, out_features=1, bias=True)
)
tensor([[0.0747]], grad_fn=<AddmmBackward>)
```

图 4-1　多层感知和模型

技能点一　深度学习概述

深度学习（Deep Learning, DL）是一种新型的机器学习技术，是一种通过模拟人脑进行分析学习的神经网络。相对于机器学习，深度学习具有以下特点。

在结构上，深度学习可以包含输入层、多个隐藏层（或称为特征转换层）、输出层，而传统机器学习算法属于简单学习或浅层结构，一般仅包含 1 层或 2 层特征转换层，如条件随机场（CRF）、逻辑回归（LR）、支持向量机（SVM）等。

浅层结构的局限性是对复杂函数的表达能力有限，应对复杂分类问题时其泛化性能较差。得益于大量的特征转换层，深度学习模型参数空间更大，表达能力更强，泛化性能也更好。浅层的条件随机场和 3 层深度神经网络的结构对比如图 4-2 所示。

在推理过程中，经典机器学习算法从数据的简单特征出发，通过专家知识手工设计特征，然后经过复杂的特征处理（如特征提取、特征变化、特征选择、降维等），最后才将这些特征送入一个机器学习模型得到预测结果。而深度学习直接将简单特征送入深度学习模型，并自动地获取多层特征（从浅层到高层），预测结果。机器学习和深度学习预测过程如图 4-3 所示。

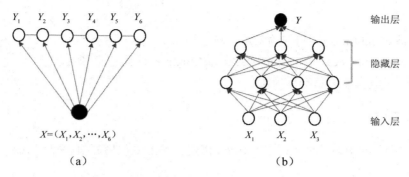

图 4-2　条件随机场和深度神经网络结构对比图
（a）条件随机场　（b）深度神经网络

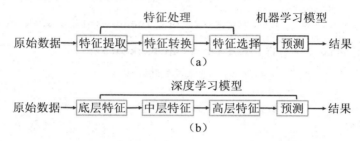

图 4-3　机器学习和深度学习预测过程
（a）机器学习　（b）深度学习

在与日俱增的数据规模和突飞猛进的硬件算力的基础上,深度学习发展出多种多样的模型,根据解决问题的不同,深度学习可以分为三类,如图4-4所示。

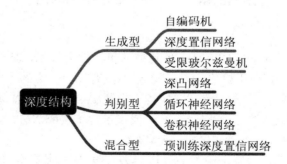

图 4-4　常用的深度学习模型

● 生成型深度结构。生成型深度结构旨在模型分析过程中,描述数据与数据的相关属性。常用的生成型深度学习模型有:自编码机、深度置信网络、受限玻尔兹曼机等。

● 判别型深度结构:判别型深度结构的目的是描述数据与类别的关系。常用的判别型深度学习模型主要有深凸网络、循环神经网络和卷积神经网络等。

● 混合型深度结构。混合型深度结构的目的是对数据进行判别,是一种包含了生成和判别两部分结构的模型。例如通过深度置信网络进行预训练后的深度置信网络属于混合型。

总而言之,人工智能是指通过计算机来实现人的智能,并产出一种能以与人类智能相似的方法作出反应的机器。机器学习是一种实现人工智能的途径,通过机器学习可以解决很多人工智能的问题。深度学习是一种新型的机器学习方法,通过深度神经网络来实现特征转换。深度学习和机器学习、人工智能的关系如图 4-5 所示。

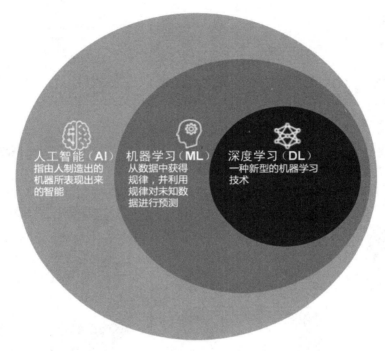

图 4-5 深度学习和机器学习、人工智能的关系

技能点二 常用深度学习框架

对于开发者而言,从头开始实现神经网络会更加有助于了解网络的细节。但是在真实的数据集上构建深度学习模型并不是一个明智的选择,除非有几天甚至几周的时间来等待模型的构建。对于绝大部分人来说,使用深度学习框架,可以快速便捷地实现和迭代复杂模型。

1. 什么是深度学习框架

假设要在 Fashion MNIST 数据集(Fashion MNIST 数据集示例如图 4-6 所示)中训练一个能识别图片类型的算法,所有的图片都可以归类为运动鞋、T 恤、牛仔裤等。经过调研,发现卷积神经网络非常适合完成这种图片分类任务。从头实现一个卷积神经网络算法,可能需要消耗数天甚至数周的时间,然而,我们并没有那么长的时间可以消耗。

图 4-6　Fashion MNIST 数据集示例

　　深度学习框架的出现解决了这种模型落地缓慢的问题。借助深度学习框架,仅需几十行甚至几行代码,就能快速地实现一个模型。

　　深度学习框架是一个接口库、函数库或工具库,使得我们能够更轻松、快速地构建深度学习模型,而无须深入了解基础算法的细节。它们使用一组预先构建和优化的组件定义基础算法和模型,并且提供了清晰简洁的接口。

　　一个优良的深度学习框架应该具备以下性质。

● 良好的性能优化。

● 方便的编码接口。

● 良好的社区支持。

● 自动化并行计算。

● 自动化微分系统。

2，常用的深度学习框架

本节将介绍 4 种常用的开源深度学习框架，分别是 TensorFlow、Keras、Caffe、PyTorch，同时对这些框架进行比较，方便读者了解这些开源框架的区别和使用场景。

1）TensorFlow

TensorFlow 是 Google Brain 团队的工程师和开发人员基于 C++ 语言开发的，同时支持 C、java、python 等多种语言的调用。TensorFlow 的图标如图 4-7 所示。

图 4-7　TensoRflow 图标

TensorFlow 属于符号计算架构，允许用户在不需要使用低级语言实现的情况下，开发出新的复杂的网络层。基于图运算是其最主要的特点，通过图上的节点变量可以控制训练中各个环节的变量，尤其在需要进行底层操作时，TensorFlow 要比其他的框架更容易些。

TensorFlow 的灵活架构使我们能够在一个或者多个 CPU（以及 GPU）上训练深度学习模型。TensorFlow 的几个常见用例如下。

● 基于文本：语言检测、文本摘要。

● 基于图像：图像字幕、人脸识别、物体检测。

● 基于序列：声音识别、时间序列分析、视频分析。

2）Keras

Keras 是一个模型级的库，为开发深度学习模型提供了高层次 API。它依赖一个高度优化的张量库来完成计算任务，这个张量库就是 Keras 的后端引擎。目前 Keras 支持的后端引擎有 TensorFlow、CNTK、Theano。Keras 的图标如图 4-8 所示。

图 4-8　Keras 图标

通过这些后端引擎，Keras 可以在 CPU 和 GPU 上无缝运行，从而达到快速实验的目的。同时，Keras 还支持卷积神经网络和循环神经网络。

Keras 具有以下性质。

● 用户友好：Keras 把用户体验放在首要和中心位置，遵循减少认知困难的最佳实践。

● 模块化：模型可以被理解为由独立的模块构成的序列或图，这些模块可以以尽可能少的限制组装在一起。

● 易扩展：新的模块是很容易添加的（作为新的类和函数），现有的模块已经提供了充足的示例。由于能够轻松地创建可以提高表现力的新模块，Keras 更加适合高级研究。

● 基于 Python 实现：Keras 没有特定格式的单独配置文件。模型定义在 Python 代码中，这些代码紧凑，易于调试，并且易于扩展。

3）Caffe

Caffe 是面向图像处理领域的一种主流深度学习框架。Caffe 的图标如图 4-9 所示。

图 4-9　Caffe 图标

Caffe 对循环神经网络（RNN）不如上述深度学习框架，但是，处理和学习图像的速度却是其他框架的几倍甚至十几倍。Caffe 支持 C、C++、Python、Matlab 以及命令行，同时，Caffe Model Zoo 允许我们访问和下载主流模型的预训练网络、权重。这些模型可能适用于以下任务。

● 简单回归任务。

● 大规模分类任务。

● 语音和机器人任务。

4）Pytorch

PyTorch 是由 Facebook 开源的神经网络框架，与 TensorFlow 的静态计算图不同，PyTorch 的计算图是动态的，可以根据计算需要灵活地改变网络模型的结构。PyTorch 的图标如图 4-10 所示。

图 4-10　PyTorch 图标

PyTorch 作为经典机器学习库 Torch 的端口，为 Python 语言使用者提供了舒适的写代码选择。

相比于其他深度学习框架，PyTorch 具有 4 个优势，如图 4-11 所示。

● 简洁的设计。PyTorch 追求最小的封装，尽量避免重复造轮子。在设计上，PyTorch 遵循由低到高的层次抽象，而且这些抽象之间联系紧密，可以同时进行修改和操作。在代码层上，简洁的设计带来的另外一个好处就是代码易于理解。PyTorch 的源码只有 TensorFlow 的十分之一左右，更少的抽象、更直观的设计使 PyTorch 的源码十分易于阅读。

● 更快的速度。PyTorch 的灵活性不以速度为代价，在许多评测中，PyTorch 的速度表现胜过 TensorFlow 和 Keras 等框架。框架的运行速度与程序员的编码水平有极大关系，但同样的算法，使用 PyTorch 实现的更有可能快过用其他框架实现的。

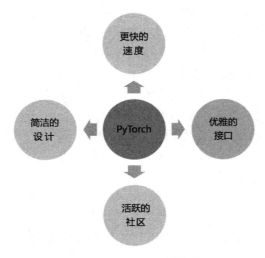

图 4-11　PyTorch 的优势

● 优雅的接口。PyTorch 是面向对象设计最优雅的深度学习框架。PyTorch 的设计最符合人们的思维，它让用户尽可能地专注于实现自己的想法，即所思即所得，不需要考虑太多关于框架本身的束缚。

● 活跃的社区

PyTorch 提供了完整的文档和循序渐进的指南，作者亲自维护论坛供用户交流和求教问题。Facebook 人工智能研究院对 PyTorch 提供了强力支持，作为当今排名前三的深度学习研究机构，FAIR（Facebook AI Research）的支持足以确保 PyTorch 获得持续的开发更新，不至于像许多由个人开发的框架那样昙花一现。

3. 深度学习框架的对比

本部分已经介绍了 4 个深度学习框架。它们都有各自的伏点和不足，有些框架可以很好地处理图像数据，但是对于文本数据的支持并不友好，有些框架在图像和文本上的表现很好，但是内部工作原理很难理解。下面将从开源时间、支持语言、外部接口类型、是否支持预训练模型等 5 个标准对比上述这些框架，如表 4-1 所示。

表 4-1　深度学习框架对比表

深度学习框架	开源时间 / 年	支持语言	支持 CUDA	支持预训练模型
TensorFlow	2015	C++、Python	是	是
PyTorch	2016	Python、C	是	是
Keras	2015	Python	是	是
Caffe	2013	C++	是	是

所有这些框架都是开源的，支持 CUDA 和预训练模型，能帮助大家快速入门并进行深度学习。但是，不同的深度学习框架使用于不同的使用场景。

● TensorFlow 适用于图像和基于序列的数据。如果是深度学习的初学者，或者对线性代数和微积分等数学概念缺乏扎实的理解,那么 TensorFlow 的陡峭学习曲线可能会让人望而生畏。一旦对框架有了很好的理解,实现深度学习模型就将非常容易。

● PyTorch 与 TensorFlow 相比,更直观。无须具备扎实的数学或纯机器学习背景,也可以理解 PyTorch 模型。随着模型的进行,可以定义或操作图形。

● 通过 Keras,可以快速地构建与图像分类或序列模型相关的项目。目前 Keras 已经集成在 TensorFlow 中,可以通过 tf.keras 构建模型。

● 当在图像数据上构建深度学习模型时,Caffe 非常有效。但是当涉及递归神经网络和语言模型时,Caffe 落后于其他框架。Caffe 的主要优势在于构建和部署用于移动设备和其他计算机受限的深度学习模型。

技能点三　PyTorch 基础

1. 数据操作

在 PyTorch 中,Tensor 是存储和变换数据的主要工具。如果之前使用过 NumPy,会发现 Tensor 和 NumPy 的 ndarray 非常类似。而且,如果安装的是 GPU 版的 PyTorch,那么 Tensor 还提供了 GPU 计算和自动求导功能,使 Tensor 更适合深度学习。

1)创建 Tensor

在 PyTorch 中,创建 Tensor 的方式主要有 2 种:①通过内置函数创建;②通过构造函数将数据转换为 Tensor。

● 通过内置函数创建。在 PyTorch 中,封装了很多的内置函数,可以直接生成 Tensor,这些函数的功能如表 4-2 所示。

表 4-2　PyTorch 生成 Tensor 的内置函数

函数	功能	示例
ones(*sizes)	创建全为 1 的 Tensor	torch.ones(3, 3)
zeros(*sizes)	创建全为 0 的 Tensor	torch.zeros(3, 3)
eye(*sizes)	创建一个单位矩阵的 Tensor	torch.eye(3, 3)
arange(start, end, step)	类似 numpy.arange(),创建一个等差数列的 Tensor	torch.arange(1, 10, 1)
linspace(start, end, steps)	类似于 numpy.linspace(),创建一个等差数列的 Tensor	torch.linspace(1, 10, 5)
rand/randn(*sizes)	随机创建均标准分布的 Tensor	torch.rand(3, 3)
normal(mean, std, size)	创建一个高斯分布的 Tensor	torch.normal(0, 1, (3, 3))

下面使用 torch.zeros() 新建一个 3×3 的 Tensor,代码 CORE0401 如下所示。

代码 CORE0401
导入 torch 模块

```
import torch
# 创建一个 3×3 的 Tensor
x=torch.zeros((3, 3))
print(x)
```

通过内置函数创建的 Tensor 如图 4-12 所示。

```
tensor([[0., 0., 0.],
        [0., 0., 0.],
        [0., 0., 0.]])
```

图 4-12　通过内置函数创建的 Tensor

● 通过构造函数创建。Tensor 是 PyTorch 存储数据的工具，同时也是 PyTorch 封装的一个类，通过 Tensor 类的构造函数也可以直接创建 Tensor，构造函数的用法如表 4-3 所示。

表 4-3　Tensor 的构造函数用法

函数	功能	示例
Tensor(*sizes)	基础构造函数	torch.Tensor(3, 3)
Tensor(data)	类似 numpy.array() 的构造函数	torch.Tensor([1, 2, 3])

下面定义一个列表，之后将列表转换为 Tensor，代码 CORE0402 如下所示。

```
代码 CORE0402
# 定义一个 list 数列表
x_list.=[1, 2, 3]
# 通过 torch.Tensor() 转换列表
x_tensor=torch.Tensor(x_list)
# 打印变量
print(x_list)
print(x_tensor)
```

通过构造函数创建的 Tensor 如图 4-13 所示。

```
x_list为 [1, 2, 3]
x_tensor为 tensor([1., 2., 3.])
```

图 4-13　通过构造函数创建的 Tensor

2）Tensor 属性初始化

Tensor 作为一个类包含 3 个常用属性：shape（数据形状）、dtype（数据类型）、device（数据存放位置）。

下面分别使用 shape、dtype 和 device 进行 Tensor 相关属性获取，代码 CORE0403 如下所示。

```
代码 CORE0403
# 打印数据形状
print(x_tensor.shape)
# 打印数据类型
print(x_tensor.dtype)
# 打印数据存放位置
print(x_tensor.device)
```

Tensor 常用属性的获取结果如图 4-14 所示。

```
torch.Size([3])
torch.float32
cpu
```

图 4-14　Tensor 常用属性的获取结果

在使用非构造函数创建 Tensor 时,可以直接指定 Tensor 的 dtype 和 device,下面使用 torch.ones() 函数生成一个形状为 3×3、数据类型为 torch.float64 并且存储在 GPU 上的 Tensor,代码 CORE0404 如下所示。

```
代码 CORE0404
# 设置数据类型
dtype = torch.float64
# 设置数据存放设备
# 设置设备为第一块 GPU
device=torch.device("cuda:0")
# 设置设备为 CPU
# device=torch.device("cpu")

# 使用 torch.ones() 创建 Tensor
x=torch.ones((3, 3), dtype=dtype, device=device)
print(x)
```

初始化属性的 Tensor 如图 4-15 所示。

```
tensor([[1., 1., 1.],
        [1., 1., 1.],
        [1., 1., 1.]], device='cuda:0', dtype=torch.float64)
```

图 4-15　初始化属性的 Tensor

3)Tensor 的基本操作

Ⅰ.算术操作

在 PyTorch 中,封装了很多作用于 Tensor 的算术操作接口,常用的算术操作函数如表

4-4 所示。

表 4-4　PyTorch 常用算术操作接口

函数	功能	示例
sub()	减法运算	torch.sub(x, y)、x.sub(y)、x.sub_(y)、x - y
add()	加法运算	torch.add(x, y)、x.add(y)、x.add_(y)、x + y
mul()	按元素乘法	torch.mul(x, y)、x.mul(y)、x.mul_(y)、x * y
div()	除法运算	torch.div(x, y)、x.div(y)、x.div_(y)、x / y
matmul()	矩阵乘法	torch.matmul(x, y)、x.matmul(y)
pow()	幂运算	torch.pow(x, 3)、x.pow(3)、x.pow_(3)、x ** 3
exp()	指数运算	torch.exp(x)、x.exp()、x.exp_()
log()	对数运算	torch.log(x)、x.log()、x.log_()
sqrt()	开根号运算	torch.sqrt(x)、x.sqrt()、x.sqrt_()
floor()	向下取整	torch.floor()、x.floor()、x.floor_()
ceil()	向上取整	torch.ceil()、x.ceil()、x.ceil_()
round()	四舍五入	torch.round()、x.round()、x.round_()
max()	取最大值	torch.max(x)、x.max()
min()	取最小值	torch.min()、x.min()
mean()	取平均值	torch.mean()、x.mean()

PyTorch 为每一种算术操作提供了多种接口，下面以加法运算为例，详细介绍算术操作的调用过程。PyTorch 为加法运算提供了 4 种形式。

● 加法形式一：直接计算。代码 CORE0405 如下所示。

```
代码 CORE0405
# 初始化数据
x=torch.rand(3, 3)
y=torch.rand(3, 3)

print("x+y=")
print(x+y)
```

● 加法形式二：调用内置函数。代码 CORE0405 如下所示。

```
代码 CORE0405
print("torch.add(x, y)=")
print(torch.add(x, y))
```

● 加法形式三：调用类方法。代码 CORE0405 如下所示。

代码 CORE0405

```
print("x.add(y)=")
print(x.add(y))
```

● 加法形式四：inplace 方式。代码 CORE0405 如下所示。

代码 CORE0405

```
print("x.add_(y) = ")
print(x.add_(y))
```

以上 4 种加法形式的输出结果如图 4-16 所示，它们结果完全一致。所不同的是，第 4 种加法形式（inplace 方式）会改变 x 的值，并且直接将计算结果存储在 x 中。灵活地使用这些形式可以减少计算量，提高计算效率。

```
x + y =
tensor([[1.4634, 1.1498, 0.7708],
        [1.3079, 0.8542, 1.1897],
        [0.8513, 0.9819, 0.8555]])
x.add(y) =
tensor([[1.4634, 1.1498, 0.7708],
        [1.3079, 0.8542, 1.1897],
        [0.8513, 0.9819, 0.8555]])
torch.add(x, y) =
tensor([[1.4634, 1.1498, 0.7708],
        [1.3079, 0.8542, 1.1897],
        [0.8513, 0.9819, 0.8555]])
x.add_(y) =
tensor([[1.4634, 1.1498, 0.7708],
        [1.3079, 0.8542, 1.1897],
        [0.8513, 0.9819, 0.8555]])
```

图 4-16　加法的输出结果

Ⅱ. 索引

torch.Tensor 的索引和 numpy.ndarray 的几乎完全一致，常用的索引方式如下。

● 坐标索引。代码 CORE0406 如下所示。

代码 CORE0406

```
# 提取坐标为 (0, 1) 的数据点
print("坐标索引:")
print(x[0, 1])
```

● 切片索引。代码 CORE0406 如下所示。

代码 CORE0406

```
# 提取第一行（列）及以上的数据
print("切片索引:")
print(x[1:, 1:])
```

● 数组索引。代码 CORE0406 如下所示。

代码 CORE0406

# 提取坐标为 (0, 2)、(1, 1) 的数据 	
print("数组索引:")
print(x[[0,1], [2, 1]])

以上 3 种索引方式的输出结果如图 4-17 所示，3 种索引方式相互结合，可以提高使用 PyTorch 进行数据处理的效率。

```
坐标索引：
tensor(1.1498)
切片索引：
tensor([[0.8542, 1.1897],
        [0.9819, 0.8555]])
数组索引：
tensor([0.7708, 0.8542])
```

图 4-17　索引的输出结果

Ⅲ. 改变形状

在深度学习中，不同算法操作可能对应不同形状的数据，因此支持改变数据形状是非常必要的。PyTorch 中提供了多种函数接口用于实现这一功能。

● view。view() 返回的新 Tensor 与源 Tensor 共享内存，即改变其中一个，另一个也会随之改变。view() 仅仅改变了对这个 Tensor 的观察角度。代码 CORE0407 如下所示。

代码 CORE0407

# 初始化一个 4×2 的 Tensor 	
x=torch.rand(4, 2)
print("shape:", x.shape)
# 将 Tensor 的形状修改为 2×4 	
print("x:", x)
y=x.view((2, 4))
print("shape:", y.shape)
print("y:", y)
# 将 Tensor 的形状修改为 8x1 	
z=y.view((8, -1))
print("shape:", z.shape)
print("　z: ", z)

view() 对 Tensor 形状的修改结果如图 4-18 所示。可见 view() 仅修改 Tensor 形状（一维和二维 Tensor 的互相转换），并未修改 Tensor 的值。

```
shape:   torch.Size([4, 2])
    x:   tensor([[0.7235, 0.6756],
         [0.0459, 0.9612],
         [0.7147, 0.2212],
         [0.4442, 0.3089]])
shape:   torch.Size([2, 4])
    y:   tensor([[0.7235, 0.6756, 0.0459, 0.9612],
         [0.7147, 0.2212, 0.4442, 0.3089]])
shape:   torch.Size([8, 1])
    z:   tensor([[0.7235],
         [0.6756],
         [0.0459],
         [0.9612],
         [0.7147],
         [0.2212],
         [0.4442],
         [0.3089]])
```

图 4-18　view() 对 Tensor 形状的修改结果

在使用 view() 改变 Tensor 形状时,可以将其中一个维度设置为 -1,此时表示当前维度需要系统自动计算,这样节省了手动计算的时间。

(2) reshape。reshape() 也可以改变 Tensor 的形状,用法和 view() 完全一致。与 view() 不同的是,reshape 可以操作非连续内存的 Tensor,而 view 只适用于连续内存的 Tensor。

Ⅳ. 广播机制

以上介绍了如何对两个形状相同的 Tensor 做运算,当对两个形状不同的 Tensor 按元素做运算时,可能会触发广播机制:先适当复制元素使两个 Tensor 形状相同后再按元素运算。例如,将 2×1 的 Tensor 和 1×3 的 Tensor 相加时,系统会先将 2×1 的 Tensor 广播(复制)成 2×3,1×3 的 Tensor 广播(复制)成 2×3,然后按元素相加,过程如图 4-19 所示。

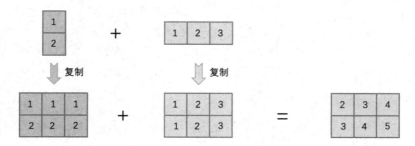

图 4-19　广播机制计算过程

验证上述过程,代码 CORE0408 如下所示。

代码 CORE0408
# 初始化 Tensor
x=torch.Tensor([[1], [2]])
y=torch.Tensor([1, 2, 3])

```
# 做加法运算并打印结果
print("  x:", x)
print("  y:", y)
print("x + y:", x + y)
```

加法的广播机制计算结果如图 4-20 所示。

```
      x:  tensor([[1.],
                  [2.]])
      y:  tensor([1., 2., 3.])
  x + y:  tensor([[2., 3., 4.],
                  [3., 4., 5.]])
```

图 4-20　加法的广播机制计算结果

V. torch.Tensor 和 numpy.ndarray 的相互转换

使用 numpy() 和 from_numpy() 可以将 Tensor 和 ndarray 相互转换。值得注意的是这两个函数产生的 Tensor 和 ndarray 共享相同的内存，改变其中一个，另一个也会改变。

● Tensor 转 ndarray。使用 numpy() 可以将 Tensor 转为 ndarray 类型的数据，代码 CORE0409 如下所示。

代码 CORE0409

```
# 初始化 Tensor
a=torch.ones(5)
# 使用 numpy() 将 Tensor 转为 ndarray
b=a.numpy()

# 打印结果
print("转换结果")
print("a:", a)
print("b:", b)
# 共享内存测试
a+=1
print("共享内存测试")
print("a:", a)
print("b:", b)
```

numpy() 的转换结果如图 4-21 所示，可见 Tensor 的成员函数 numpy() 已经将 Tensor 类型的数据转换成 ndarray 类型的数据，并且当修改 Tensor 的数据时，ndarray 的数据也发生改变。

转换结果
```
a: tensor([1., 1., 1., 1., 1.])
b: [1. 1. 1. 1. 1.]
```
共享内存测试
```
a: tensor([2., 2., 2., 2., 2.])
b: [2. 2. 2. 2. 2.]
```

图 4-21 numpy() 的转换结果

● ndarray 转 Tensor。使用 from_numpy() 将 ndarray 数据转为 Tensor 数据,代码 CORE0410 如下所示。

代码 CORE0410

# 载入相应的库 	
import numpy as np
# 初始化 	
a=np.ones(5)
b=torch.from_numpy(a)
# 打印结果 	
print("转换结果")
print("a:", a)
print("b:", b)
# 共享内存测试 	
a+=1
print("共享内存测试")
print("a:", a)
print("b:", b)

from_numpy() 的转换结果如图 4-22 所示。

转换结果
```
a: [1. 1. 1. 1. 1.]
b: tensor([1., 1., 1., 1., 1.], dtype=torch.float64)
```
共享内存测试
```
a: [2. 2. 2. 2. 2.]
b: tensor([2., 2., 2., 2., 2.], dtype=torch.float64)
```

图 4-22 from_numpy() 的转换结果

2. 自动求梯度

在深度学习中,经常需要对函数求梯度。PyTorch 作为一个优秀的深度学习框架,拥有自动微分系统,或者说能够实现自动求梯度的功能。下面将探索 PyTorch 的自动求梯度功能。

首先,需要了解 Tensor 的另一个属性 requires_grad,这个属性可以决定 Tensor 是否需要求梯度。如果设置为 True,则意味着在后续求梯度的过程中,需要计算这个 Tensor 的梯度;如果设置为 False,则不需要计算它的梯度。同时,为了节省计算和内存的开销, Tensor 的 requires_grad 属性默认为 False。

设置 requires_grad 的方法有两种:显式设置和隐式设置。

● 显式设置。在 Tensor 创建后直接设置 requires_grad 属性,代码 CORE0411 如下所示。

```
代码 CORE0411
# 创建一个 Tensor
x=torch.Tensor([1.0])
# 查看 requires_grad 属性
print("设置前的 requires_grad:", x.requires_grad)
# 直接修改 requires_grad 属性
x.requires_grad=True
# 查看修改后的 requires_grad 属性
print("设置后的 requires_grad:", x.requires_grad)
```

requires_grad 的显式设置结果如图 4-23 所示,通过语句 x.requires_grad=True 直接将 x 的 requires_grad 从 False 修改为 True。

设置前的requires_grad: False
设置后的requires_grad: True

图 4-23 requires_grad 的显式设置结果

● 隐式设置。在使用非构造函数创建 Tensor 时,传入 requires_grad 参数值,代码 CORE0412 如下所示。

```
代码 CORE0412
# 使用非构建函数创建 Tensor
x = torch.ones(1, requires_grad=True)
print("通过隐式设置的 requires_grad:",x.requires_grad)
```

requires_grad 的隐式设置结果如图 4-24 所示。

通过隐式设置的requires_grad: True

图 4-24 requires_grad 的隐式设置结果

有了对于 requires_grad 的了解后,可以从一个小例子出发,探索 PyTorch 的自动微分系统。这里以计算 $z = 3x^2 + 2y^3$ 在 $x = 2, y = 3$ 处关于 x, y 的偏导数 $\frac{\partial z}{\partial x}\bigg|_{(2,3)}$、$\frac{\partial z}{\partial y}\bigg|_{(2,3)}$,为例,具体步骤如下。

首先,定义两个 Tensor 分别表示 $x = 2$ 和 $y = 3$,并设置它们的 requires_grad=True,代码 CORE0413 如下所示。

代码 CORE0413

```
x=torch.Tensor([2.])
x.requires_grad=True
y=torch.Tensor([3.])
y.requires_grad=True
```

然后，定义函数 $z = 3x^2 + 2y^3$，代码 CORE0413 如下所示。

代码 CORE0413

```
def f(x, y):
    return 3 * x.pow(2) + 2 * y.pow(3)
```

计算 z 值并通过 Tensor 的 backward() 函数完成梯度计算，代码 CORE0413 如下所示。

代码 CORE0413

```
# 计算 z 在 x=2,y=3 下的值
z=f(x, y)
# 调用 PyTorch 的自动微分系统
y.backward()
```

最后，可以直接查看 Tensor 的 grad 属性，对应示例中对 x，y 的偏导数，代码 CORE0413 如下所示。

代码 CORE0413

```
print("z 在 (2,3) 处对 x 的偏导数 : ", x.grad)
print("z 在 (2,3) 处对 y 的偏导数 : ", y.grad)
```

PyTorch 自动微分系统计算结果如图 4-25 所示。

z在(2,3)处对x的偏导数： tensor([12.])
z在(2,3)处对y的偏导数： tensor([54.])

图 4-25　PyTorch 自动微分系统计算结果

PyTorch 自动微分系统的计算结果和我们手工计算的结果完全一致。当然你或许会觉得这个示例过于简单，没必要写这么多的代码去求解。但是不妨想象下，针对一个比较复杂的函数，如 $f(x) = e^{\sin x} + \cdots + \ln(\cos x)$，可能需要大量的手工计算才能得到答案，但是套用上面这段代码却可以直接获得结果。

深度神经网络本身是一个非常复杂的函数，在训练这个函数（模型）的过程中，需要多次对其中的一些参数求梯度，深度学习框架的出现极大地节省了梯度求解的时间成本，加快了训练速度。

技能点四　　神经网络概述

随着神经科学、认知科学的发展,我们逐渐知道人类的智能行为都和大脑活动有关。人类大脑是一个可以产生意识、思想和情感的器官。受到人脑神经系统的启发,早期的神经科学家构造了一种模仿人脑神经系统的数学模型,称为人工神经网络 (Artificial Neural Network, ANN),简称神经网络。

在信号处理方面,人工神经网络和人脑神经系统非常相似。人脑神经系统可以将声音、图像等信息经过不同区域的编码,从原始的低层特征不断地加工、抽象,最终生成引导人脑决策的语义表示。与人脑神经系统类似,人工神经网络是由人工神经元和神经元之间的连接组成的,这些神经元用于编码输入信息并通过传递给下游神经元进行加工和抽象,最终输出信号。

图 4-26 展示了人工神经网络和人脑神经系统提取视觉特征的过程。人类在处理视觉信息时,先通过视网膜接收视觉信号,紧接着将信号传递给大脑皮层的不同区域进行边界探测、形状探测和高级视觉特征的抽象;与之相对应的,神经网络使用输入层接收图片像素,之后通过多层神经元对图片像素进行物体边界抽象、物体部件抽象和物体模型抽象。

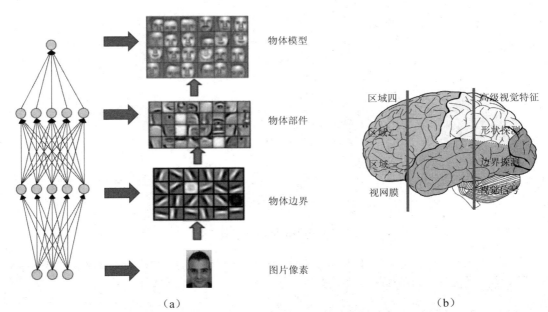

图 4-26　人工神经网络和人脑神经系统提取视觉特征的对比图
（a）人工神经网络　（b）人脑神经系统

另一方面,如果把人工神经网络看作一个由超参数组成的决策函数,并用来处理一些模式识别任务,那么神经网络的参数可以通过机器学习的方式从数据中学到。

在本部分中,我们将深入探索神经网络的奥秘,逐步揭开深度学习的面纱。作为机器学习的一类,我们先从一个线性回归的例子出发,了解深度学习网络的基本要素,之后引入几类常用的神经网络,探讨它们的原理和使用场景,最后简单探索时下流行的神经网络应用示例。

1. 预备知识

由于线性回归可视为单层神经网络,它们设计的概念和技术也适用于大部分的深度神经网络模型。因而,我们将从线性回归出发,引入深度神经网络的基本要素。

1)线性回归

线性回归是回归分析的一种,它假设因变量和自变量之间存在线性关系。我们以一个简单的房屋价格预测任务为例,逐步解释线性回归的基本要素。这个任务的目的是预测房屋价格,当然房屋价格可能与很多因素相关,如所处地段、房屋面积、市场行情和房屋年龄等等。为了简单起见,假设该任务的房屋价格仅与年龄和面积有关。接下来我们将探讨价格与年龄和面积的关系。

假设房屋的面积为 x_1(m²),房屋年龄为 x_2(年),房屋单价为 y(元/m²),我们需要建立一个 y 关于 x_1,x_2 的线性回归模型。根据线性回归的性质(假设输出与输入间是线性关系),可以获得模型:

$$\tilde{y} = w_1 x_1 + w_2 x_2 + b$$

其中 w_1 和 w_2 是权重(weight),b 是偏差(bias),且均为标量,或者称为该模型的参数。模型输出为 $\tilde{y}$ 为对真实值 y 的估计。图 4-27 展示了该模型的结构。

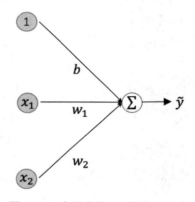

图 4-27　房屋价格预测模型结构图

借助 PyTorch 可以非常轻松地构建上述的线性回归模型,代码 CORE0414 如下所示。

```
代码 CORE0414

# 导入相应的包
import torch
import numpy as np


# 初始化权重和偏向
```

```
w1=torch.rand(1)
w2=torch.rand(1)
b=torch.rand(1)

# 定义线性回归模型
def linear_model(x1, x2):
    y_hat=w1*x1+w2*x2+b
    return y_hat
```

同时，假设有多组关于房屋价格、面积、年龄的真实数据，如表 4-5 所示。

表 4-5　房屋价格和面积、年龄的数据

编号	房屋面积（m²）	房屋年龄（年）	房屋单价（元 /m²）
1	85	30	13 950
2	100	60	13 800
3	120	10	15 400

接下来通过数据来寻找该线性模型的参数值，使得在这组数据上，输入"房屋面积"和"房屋年龄"，模型的输出更加接近于"房屋单价"。

2）前向传播

不妨选第 1 组数据（x_1=85, x_2=30, y=13 950）作为示例，将（x_1, x_2）代入模型，可以得到模型在当前参数（w_1, w_2, b）下的预测值，代码 CORE0415 如下所示。

代码 CORE0415

```
y_hat = linear_model(x1=85, x2=30)
print("预测结果:", y_hat)
```

线性回归模型前向传播结果如图 4-28 所示。

预测结果：　tensor([67.2365])

图 4-28　线性回归模型前向传播结果

上述将数据输入模型，通过计算得到结果的过程就称为模型的前向传播。前向传播非常重要，在前向传播的过程中，需要确定哪些参数对于预测值造成了影响，才能通过预测值和真实值的差异反过来更新这些参数，最终使得模型能输出更接近真实值的结果。

3）损失函数

可以看到，第一组数据预测值 $\tilde{y}_1 = 67.23$，但是真实值 $y = 13\,950$，单从数值上来看，确实存在很大的差异，但是如何评价这种差异呢？

损失函数（loss function），又称为目标函数，用于评估模型的预测值 $\tilde{y}$ 与真实值 y 的差异，一般来说为一个非负的实值函数，通常用 $L(\tilde{y}, y)$ 表示。损失函数越小，说明预测值 $\tilde{y}$ 与真实值y的差异越小,模型的预测越准确。

不同任务的损失函数不一样,可以按任务类型将损失函数分为两类:分类型和回归型。图 4-29 展示了分类型和回归型的常用损失函数。

● 二分类交叉熵损失针对二分类任务,它的计算公式为

$$L(\tilde{y}, y) = -\frac{1}{N}\sum_{i=1}^{N}\left[\tilde{y}_i \log y_i + (1-\tilde{y}_i)\log(1-y_i)\right]$$

PyTorch 提供了该损失函数的接口:Torch.nn.BCELoss(),接口参数如表 4-6 所示。

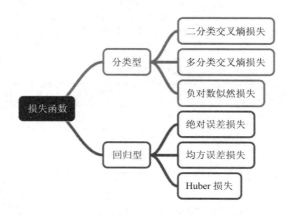

图 4-29　常用的损失函数

表 4-6　torch.nn.BCELoss() 的参数

参数名称	默认值	说明
weight	None	每批元素损失的手工重标权重
reduction	'mean'	批次损失的求和类型,可以设置的选项有 'mean','sum','none'

● 多分类交叉熵损失针对多分类任务,计算公式为

$$L(\tilde{y}, y) = -\log\frac{\mathrm{e}^{y}}{\sum_j \mathrm{e}^{\tilde{y}_j}},$$

对应的 PyTorch 接口为 Torch.nn.CrossEntropyLoss(),接口参数如表 4-7 所示。

表 4-7　torch.nn.CrossEntropyLoss() 的接口参数

参数名称	默认值	说明
weight	None	针对批次样本设置一个重缩放因子
ignore_index	False	指定一个类别,忽略其对输入的梯度贡献
reduction	'mean'	批次损失的求和类型,可以设置的选项有 'mean','sum','none'

● 负对数似然损失也是针对分类任务，其中多分类的计算公式为

$$L(\tilde{y}, y) = \frac{1}{N} \sum_{j=1}^{N} \log\left(1 + \mathrm{e}^{-y_j \tilde{y}_j}\right),$$

对应的 PyTorch 接口为 torch.nn.NLLLoss()，接口参数如表 4-8 所示。

表 4-8　torch.nn.NLLLoss() 的接口参数

参数名称	默认值	说明
weight	None	针对批次样本设置一个重缩放因子
ignore_index	False	指定一个类别，忽略其对输入的梯度贡献
reduction	'mean'	批次损失的求和类型，可以设置的选项有 'mean'，'sum'，'none'

● 绝对误差损失（L1 损失）一般适用于回归任务，计算公式如下

$$L(\tilde{y}, y) = \frac{1}{N} \sum_{j=1}^{N} \left| \tilde{y}_j - y_j \right|$$

对应的 PyTorch 接口为 torch.nn.L1Loss()，接口参数如表 4-9 所示。

表 4-9　torch.nn.L1Loss() 的接口参数

参数名称	默认值	说明
reduction	'mean'	批次损失的求和类型，可以设置的选项有 'mean'，'sum'，'none'

● 均方误差损失（L2 损失）适用于回归任务，计算公式如下

$$L(\tilde{y}, y) = \frac{1}{N} \sum_{j=1}^{N} \left(\tilde{y}_j - y_j \right)^2$$

对应的 PyTorch 接口为 torch.nn.MSELoss()，接口参数如表 4-10 所示。

表 4-10　torch.nn.MSELoss() 的接口参数

参数名称	默认值	说明
reduction	'mean'	批次损失的求和类型，可以设置的选项有 'mean'，'sum'，'none'

● Huber 损失适用于回归任务，计算公式如

$$L(\tilde{y}, y) = \frac{1}{N} \begin{cases} \dfrac{1}{2\beta}\left(\tilde{y}_i - y_i \right)^2 & \left| \tilde{y}_i - y_i \right| < 1 \\[2ex] \left| \tilde{y}_i - y_i \right| - \dfrac{1}{2\beta} & 其他 \end{cases}$$

对应的 PyTorch 接口为 torch.nn.SmoothL1Loss()，接口参数如表 4-11 所示。

表 4-11　torch.nn.SmoothL1Loss() 的接口参数

参数名称	默认值	说明
reduction	'mean'	批次损失的求和类型,可以设置的选项有 'mean', 'sum', 'none'
beta	1.0	阈值,用于控制 Huber 损失对 $L1$ 损失或 $L2$ 损失的接近程度

由于房屋预测任务是一个回归任务,因此,可以使用上述适用于回归任务的 3 个损失函数来评估预测值和真实值的误差,代码 CORE0416 如下所示。

```
代码 CORE0416
# 新建一个绝对误差损失对象 L1Loss
L1Loss=torch.nn.L1Loss()
# 新建一个均方误差损失对象 l2Loss
L2Loss=torch.nn.MSELoss()
# 新建一个 Huber 损失对象 huberLoss
huberLoss=torch.nn.SmoothL1Loss()

# 将 y 转化为 torch.Tensor
y=torch.Tensor([[13950]])
# 计算并打印结果
print("绝对误差损失:")
print("\t", L1Loss(y_hat, y))
print("均方误差损失:")
print("\t", L2Loss(y_hat, y))
print("Huber 损失:")
print("\t", huberLoss(y_hat, y))
```

损失函数计算结果如图 4-30 所示。

```
绝对误差损失:
        tensor(13882.7637)
均方误差损失:
        tensor(1.9273e+08)
Huber损失:
        tensor(13882.2637)
```

图 4-30　损失函数计算结果

可以发现,这个误差(损失值,以下统称为误差)非常大,通过其他手段可以最小化这个误差。

4)优化方法

当模型和损失函数的形式比较简单时,上面误差最小化问题的解可以直接用公式表达出来,这类解称为解析解 (analytical solution)。然而,大多数的深度神经网络并不存在解析解,只能通过优化算法不断地迭代模型参数,尽可能地降低误差值,这类解称为数值解 (numerical solution)。

在求数值解的优化算法中，随机梯度下降（stochastic gradient descent）在深度学习中被广泛使用。它的步骤很简单，先随机选取一个样本点 $X = \{x_1, x_2\}, y$，然后接着对模型参数 $W = \{w_1, w_2, b\}$ 进行多次迭代，使得每次迭代的误差值 $L(\tilde{y}, y)$ 都能减小。每次迭代时，先计算在当前参数下模型的预测值 $\tilde{y}$，通过计算误差相对于参数的梯度（导数）dL / dW，选取负梯度方向为参数的更新方向，参数的更新量为梯度乘以预先设定的正数，这个正数称为学习率 (learning rate)。图 4-31 显示了随机梯度下降法的迭代流程。

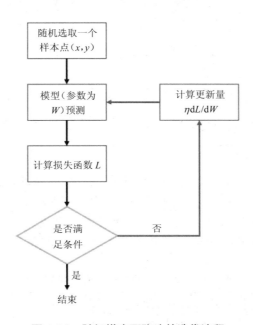

图 4-31　随机梯度下降法的迭代流程

然而，随机梯度下降存在许多无法解决的问题，例如更新具有随机性，导致迭代后整体误差可能增大，模型无法收敛。因此，很多基于随机梯度下降算法的变种算法被提出来以改善这些问题，以下介绍 3 种常用的变种算法。

● 小批次随机梯度下降法（mini-batch Stochastic Gradient Descent，SGD）。按照数据生成分布随机抽取样本，通过计算其梯度平均值来更新梯度。对应的 PyTorch 接口为 torch.optim.SGD()，常用参数如表 4-12 所示。

表 4-12　torch.optim.SGD() 的常用参数列表

参数名称	默认值	说明
params	无默认值	模型需要更新的参数
lr	0.01	优化器学习率
momentum	0	SGD 的动量因子
weight_decay	0	SGD 的权重衰减
nesterov	False	是否允许 Nesterov 动量

● RMSProp(Root Mean Square Prop)。为了进一步优化损失函数在更新中存在的摆动幅度过大的问题,并且进一步加快函数的收敛速度,RMSProp 算法对权重参数 W 和偏置参数 b 的梯度使用了微分平方加权平均数。对应的 PyTorch 接口为 torch.optim.RMSProp(),常用参数如表 4-13 所示。

表 4-13　torch.optim.RMSProp() 的常用参数

参数名称	默认值	说明
params	无默认值	模型需要更新的参数
lr	0.01	优化器学习率
alpha	0.99	平滑常数
eps	1e-8	常数,防止计算时分母为 0
weight_decay	0	SGD 的权重衰减
momentum	0	动量因子

● Adam。Adam 是一种对随机梯度下降法的扩展,具体地说,该算法计算了梯度和平方梯度的指数移动平均值,并控制了这些移动平均的衰减率。在实践中,Adam 的工作表现良好,并优于其他随机优化方法,被认为是大部分深度学习应用的默认优化方法。在 PyTorch 中的接口为 torch.optim.Adam(),常用参数如表 4-14 所示。

表 4-14　torch.optim.Adam() 的常用参数

参数名称	默认值	说明
params	无默认值	模型需要更新的参数
lr	1e-3	优化器学习率
betas	(0.9, 0.999)	两次估计的指数衰减率
eps	1e-8	常数,防止计算时分母为 0
weight_decay	0	SGD 的权重衰减

需要强调的是,在这些优化方法的参数列表中,除了 params 外,其他参数(如 lr, alpha, betas, …)均为人为设定,并不是通过模型训练学得的,因此也称它们为超参数(hyperparameter)。深度学习中所讲的“调参”便是指调节这些超参数,例如通过反复的试错来寻找最优的超参数组合。

为了更好地理解梯度下降法,我们借助 PyTorch 演示一遍迭代过程,代码 CORE0417 如下所示。

代码 CORE0417

```
# 确定需要更新的参数 w1, w2, b
# 将这些参数的 requires_grad 设置为 True
```

```
w1.requires_grad=True
w2.requires_grad=True
b.requires_grad=True
# 重新计算预测值和损失 ( 以 Huber 损失为例 )
y_hat=linear_model(x1=85, x2=30)
l=huberLoss(y_hat, y)

# 打印本次迭代前的各项指标
print("本次迭代前:")
print('w1\t', w1)
print('w2\t', w2)
print('b\t', b)
print('y_hat\t', y_hat)
print('loss\t', l)
```

迭代前的参数值和损失值如图 4-32 所示。

```
本次迭代前:
w1        tensor([0.5268], requires_grad=True)
w2        tensor([0.7395], requires_grad=True)
b         tensor([0.2711], requires_grad=True)
y_hat     tensor([67.2365], grad_fn=<AddBackward0>)
loss      tensor(13882.2637, grad_fn=<SmoothL1LossBackward>)
```

图 4-32　迭代前的参数值和损失值

可见参数 $w1, w2, b$ 的 requires_grad 被设置为 True，意味着在 PyTorch 的自动微分系统中，需要求这些参数的梯度。接下来，设置优化器 (以 Adam 为例) 以及调用 PyTorch 的自动求梯度，代码 CORE0418 如下所示。

代码 CORE0418

```
# 设置优化器，并指定更新参数为 w1, w2, b 和学习率为 1
optimizer=torch.optim.Adam([w1, w2, b], lr=1.)
# 调用自动微分系统求参数 (w1, w2, b) 的梯度
l.backward()
# 梯度下降法更新参数
optimizer.step()

# 重新计算预测值和损失值
y_hat=linear_model(x1=85, x2=30)
l=huberLoss(y_hat, y)
# 打印迭代后的各项指标
print("本次迭代后:")
```

```
print('w1\t', w1)
print('w2\t', w2)
print('b\t', b)
print('y_hat\t', y_hat)
print('loss\t', l)
```

迭代后的参数值和损失值如图 4-33 所示。

```
本次迭代后：
w1        tensor([1.5268], requires_grad=True)
w2        tensor([1.7395], requires_grad=True)
b         tensor([1.2711], requires_grad=True)
y_hat     tensor([183.2365], grad_fn=<AddBackward0>)
loss      tensor(13766.2637, grad_fn=<SmoothL1LossBackward>)
```

图 4-33　迭代后的参数值和损失值

可见，经过一次迭代后，参数 $w1, w2, b$ 都得到了更新，预测值从 67.23 增加至 183.23，更接近于真实值 13 950，损失函数也从 13 882.26 减小到 13 766.26。这种迭代是朝着误差减小的方向进行的，经过多次迭代后，模型参数可能会收敛到一个固定值，这个固定值就是模型参数的数值解。

不同于前向传播，这种从损失值出发，以最小化损失值为目的，以梯度下降法为优化方法，更新模型参数的过程称为模型的反向传播。一次前向传播以及一次反向传播构成一次迭代过程，经过多次迭代，模型的预测值和真实值的误差达到极小值，模型参数也到达数值解，这个过程称为模型的训练。基于训练好的模型，进行一次前向传播得到预测值，称为模型的预测。

2. 多层感知机

1）人工神经元

人工神经元（Artificial Neuron），简称神经元（Neuron），是构成神经网络的基本单位，其主要是为了模拟生物神经元的结构和特性，接收受输入信号并输出。图 4-34 展示了典型的生物神经元结构，图 4-35(b) 展示了人工神经元结构。

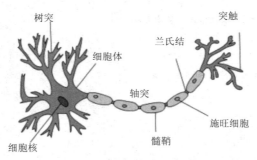

图 4-34　典型的神经元结构

生物学家在 20 世纪时就发现了神经网络的结构，一个生物神经元具有多个树突和一个轴突，树突用于接收信号，轴突用于发射信号。当树突获取信号积累超过一个阈值时，生物神经元就会处于兴奋状态，产生脉冲，通过轴突传递到轴突尾端的突触，轴突的突触可以与其他生物神经元连接，从而传递脉冲给其他生物神经元。

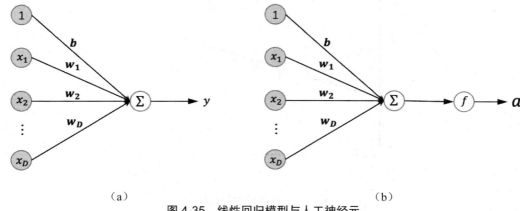

（a）　　　　　　　　　　　　（b）

图 4-35　线性回归模型与人工神经元

（a）线性回归模型　（b）人工神经元

与生物神经元类似，人工神经元接收输入 $X = (x_1, x_2, \cdots, x_D)$ 后，计算输入信息的累积和 $Z = \sum_{i=1}^{D} w_i x_i + b = Wx + b$，非线性函数 f 获取输入的"脉冲" $a = f(Z) = f(Wx + b)$，最后将"脉冲"传递至下一个神经元。其中 W 称为神经元的权重（weights），b 为偏置（bias），非线性函数 f 称为激活函数（Activation Function）。

可以发现人工神经元与前文介绍的线性回归模型非常相似，唯一不同的是，人工神经元存在一个"激活函数"，人工神经元和线性回归模型的对比结果如图 4-35 所示。那么激活函数到底是什么？它对于人工神经元有什么作用？接下来将揭开它神秘的面纱。

2）激活函数

前文提到，激活函数用于模拟生物神经元的"脉冲"，使得人工神经元具有"生物合理性"，事实远没有如此简单。激活函数还具备以下两点作用。

（1）限制神经元的输出范围。前文提到，激活函数的输入为 $Z = Wx + b$，如果不加限制，那么 Z 的值可能非常高，从而产生计算问题。

（2）为神经元增加非线性。为了便于理解非线性，我们从一个例子出发，假设存在一个二维数据集，该数据集统计了吸烟人群和非吸烟人群的体重和年龄，数据集在平面上的展示效果如图 4-36 所示。如果使用线性回归模型 $y = Wx + b$，经过训练，模型的分类边界可以表示为图 4-36 中的直线。加入非线性激活函数后 $a = f(Wx + b)$ 的分类边界可以表示为图 4-36 中的曲线。对比发现，直线无法将两类数据完全分开，而曲线则完美区分了"吸烟"和"不吸烟"数据。因而激活函数为模型带来了非线性（从直线到曲线），同时增加了模型的表达能力。

激活函数在神经元中非常重要，为了增强网络的表示能力和学习能力，激活函数需要具备以下几点性质：①连续可导，保证可以使用数值优化方法来优化神经网络参数；②形式简单，减少神经网络参数，提高网络训练效率；③值域合理，确保网络的训练效率和稳定性。

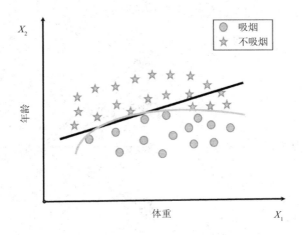

图 4-36　吸烟预测数据集

下面介绍几种常用的激活函数。

● Sigmoid 激活函数将实数 R 映射到 $(0,1)$ 区间，因此可以将其输出看作概率分布，使得神经网络可以很好地和统计学习模型进行结合。Sigmoid 激活函数如图 4-37 所示。

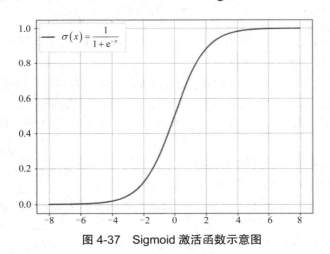

图 4-37　Sigmoid 激活函数示意图

Sigmoid 激活函数的表达式为

$$\sigma(x) = \frac{1}{1 + e^{-x}}$$

PyTorch 封装了 Sigmoid 激活函数，并且存在两种调用方式，代码 CORE0419 如下所示。

代码 CORE0419

# 声明一个 Tensor 	
x=torch.rand(2, 2)
# 第一种方式，调用 Tensor 的内置函数 	

```
print("x.sigmoid:", x.sigmoid())
# 第二种方式，调用 torch.nn.Sigmoid()
sigmoid=torch.nn.Sigmoid()
print("torch.nn.Sigmoid:", sigmoid(x))
```

Sigmoid 激活函数测试结果如图 4-38 所示。

```
x.sigmoid:          tensor([[0.6448, 0.5911],
          [0.6850, 0.6383]])
torch.nn.Sigmoid:  tensor([[0.6448, 0.5911],
          [0.6850, 0.6383]])
```
图 4-38　Sigmoid 激活函数测试结果

● Tanh 激活函数相比于 Sigmoid 激活函数，输出是零中心化的（Zero-Centered），这样避免了神经网络最后一层的神经元的输入发生偏置偏移（Bias Shift），从而提高了训练的收敛效率。Tanh 激活函数如图 4-39 所示。

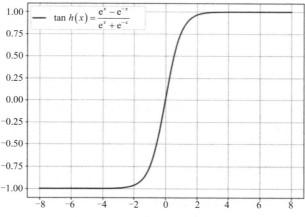

图 4-39　Tanh 激活函数示意图

Tanh 激活函数的表达式为

$$\tan h(x) = \frac{e^x - e^{-x}}{e^x + e^{-x}}$$

PyTorch 的调用方式如下，代码 CORE0420 如下所示。

代码 CORE0420

```
# 第一种方式，调用 Tensor 的内置函数
print("x.tanh:", x.tanh())
# 第二种方式，调用 torch.nn.Tanh()
tanh=torch.nn.Tanh()
print("torch.nn.Tanh:", tanh(x))
```

Tanh 激活函数测试结果如图 4-40 所示。

```
x.tanh:  tensor([[0.2170, 0.3182],
                 [0.5968, 0.2983]])
torch.nn.Tanh:  tensor([[0.2170, 0.3182],
                        [0.5968, 0.2983]])
```

图 4-40　Tanh 激活函数测试结果

● ReLU 激活函数采用简单的比较操作，计算上更加高效。从生物学来讲，ReLU 激活函数更具有生物学合理性，比如单侧抑制、宽兴奋边界等。另一方面，相比于 sigmoid 激活函数，ReLU 激活函数会训练出一个稀疏神经网络，从而提高了网络的鲁棒性。ReLU 激活函数如图 4-41 所示。

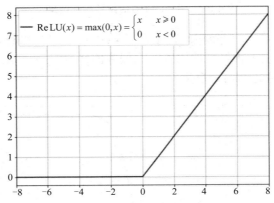

图 4-41　ReLU 激活函数示意图

ReLU 激活函数的表达式为

$$\mathrm{ReLU}(x) = \max(0, x) = \begin{cases} x & x \geqslant 0 \\ 0 & x < 0 \end{cases},$$

PyTorch 的调用方式如下，代码 CORE0421 如下所示。

```
# 第一种方式，调用 Tensor 的内置函数
print("x.relu: ", x.relu())
# 第二种方式，调用 torch.nn.ReLU()
relu = torch.nn.ReLU()
print("torch.nn.ReLU: ", relu(x))
```

ReLU 激活函数测试结果如图 4-42 所示。

```
x.relu:  tensor([[0.5961, 0.3687],
                 [0.7767, 0.5679]])
torch.nn.ReLU:  tensor([[0.5961, 0.3687],
                        [0.7767, 0.5679]])
```

图 4-42　ReLU 激活函数测试结果

3）多层感知机

单个生物神经元的功能比较简单，而且人工神经元只是生物神经元的简单实现，功能更加简单。想要模拟出人脑的能力，往往需要大量神经元协作。这样通过一定的连接方式而

进行协作的神经元组合可以看作一个网络,称为神经网络(Neural Network)。

目前常见的神经网络主要分为3种:前馈网络、记忆网络、图网络。图4-43展示了3种神经网络,其中每个节点代表一个神经元。

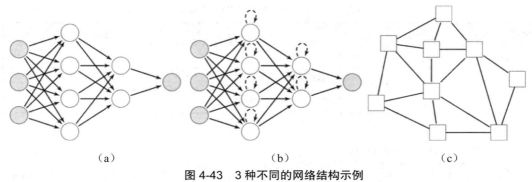

图4-43 3种不同的网络结构示例
(a)前馈网络 (b)记忆网络 (c)图网络

前馈神经网络是最早发明的简单人工神经网络,也称为多层感知机(Multi-Layer Perceptron,MLP),在前馈神经网络中,神经元以层区分,每一层接收上一层的信息并传递给下一层,从而形成一个有向无环图。记忆网络,也称为反馈网络,网络中的神经元不仅可以接收其他神经元的信息,同时也接收自己的历史信息。图网络是定义在图上的神经网络,节点的信息来源于自身和相邻节点。

图4-44展示了一个多层感知机,分别包含1个输入层,2个隐藏层,1个输出层。输入层(input layer):神经网络最开始一层神经元,用于接收外部数据,将数据传递给后续的神经元。输出层(output layer):神经网络最后一层神经元,用于合并神经网络内部数据,生成决策并输出。隐藏层(hidden layer):有时也称中间层,是神经网络输入层和输出层之间的一层或多层神经元,用于抽取数据的特征,辅助网络作出决策。

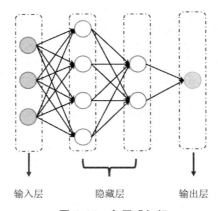

输入层　　　隐藏层　　　输出层

图4-44 多层感知机

需要注意的是,多层感知机的相邻两层为全连接层,因此也被称为全连接神经网络(Full-Connected Neural Network)。多层感知机的层数便是指所有隐藏层和输出层的数量,所以图 4-44 代表一个三层感知机。多层感知机还有一个特例,隐藏层的数量为 0 时,我们可以称之为感知机。

PyTorch 中也封装了全连接层的接口 torch.nn.Linear(),常用参数如表 4-15 所示。

表 4-15　torch.nn.Linear() 的常用参数

参数名称	默认值	说明
in_features	无	每个输入样例的大小
out_features	无	每个输出样例的大小
bias	True	是否需要学习神经元的偏向

调用示例代码 CORE0422 如下所示。

```
代码 CORE0422
# 定义一个输入神经元为 3,输出神经元为 4 的全连接层
layer1=torch.nn.Linear(in_features=3,
                out_features=4,
                bias=True)
# 查看全连接层的权重和偏向
print("weights:")
print(layer1.weight)
print("bias:")
print(layer1.bias)
```

全连接层的权重和偏向如图 4-45 所示,可见,PyTorch 在创建全连接层时会自动初始化权重和偏向。

```
weights:
Parameter containing:
tensor([[ 0.1200,  0.0099, -0.1723],
        [-0.4171,  0.5484, -0.0755],
        [-0.2380, -0.4464,  0.5493],
        [ 0.0588,  0.0138, -0.4176]], requires_grad=True)
bias:
Parameter containing:
tensor([0.1392, 0.0722, 0.2866, 0.0909], requires_grad=True)
```

图 4-45　全连接层的权重和偏向

通过对以上内容的学习,掌握了多层感知机、PyTorch 基础操作、PyTorch 接口。通过以下几个步骤,可以实现图 4-44 所表示的多层感知机。

第一步:明确网络结构。

● 输入层：允许输入的向量长度为 3。
● 隐藏层 F1：输入样例大小为 3，输出样例大小为 4。
● 隐藏层 F2：输入样例大小为 4，输出样例大小为 2。
● 输出层 F3：输入样例大小为 2，输出样例大小为 1。

第二步：根据网络层调用 PyTorch 接口。

根据网络层和参数说明生成对应层的对象，代码 CORE0423 如下所示。

代骊 CORE0423

```
# 导入相应的库
import torch
from torch.nn import *


# 根据描述调用相应的接口
F1=Linear(in_features=3, out_features=4, bias=True)
F2=Linear(in_features=4, out_features=2, bias=True)
F3=Linear(in_features=2, out_features=1, bias=True)
```

第三步：按照顺序组合各个网络层。

一般来说，全连接层后面会紧接着一个非线性激活函数，用于增加网络的非线性和表达能力。在此任务中，我们使用 Sigmoid 激活函数，代码 CORE0424 如下所示。

代码 CORE0424

```
# 根据描述调用相应的接口
F1=Linear(in_features=3, out_features=4, bias=True)
S1=Sigmoid()
F2=Linear(in_features=4, out_features=2, bias=True)
S2=Sigmoid()
F3=Linear(in_features=2, out_features=1, bias=True)
```

通过定义模型类来组织这些网络层，代码 CORE0425 如下所示。

代码 CORE0425

```
# 按顺序堆叠定义的网络层
layers=[F1, S1, F2, S2, F3]
# 创建一个 MLP 类
class MLP:
    # 初始化属性值
    def __init__(self, layers):
        self.layers=layers
    # 重新定义 __call__ 函数
    def __call__(self, x):
```

```
    for l in layers:
        x=l(x)
    return x
    # 重新定义 __repr__ 函数
    def __repr__(self):
        s="MLP(\n"
        for l in layers:
            s+= ("\t"+str(l)+"\n")
        s+=")"
        return s


# 创建一个 mlp 对象
mlp=MLP(layers)
print(mlp)
# 初始化一个输入
x=torch.rand(1, 3)
# 前向传播一次 MLP
print(mlp(x))
```

MLP 效果图如图 4-46 所示。可以看出打印的网络结构和预设的一致,根据指定大小的输入能输出预想中的结果,表示此次模型搭建成功。

```
MLP(
        Linear(in_features=3, out_features=4, bias=True)
        Sigmoid()
        Linear(in_features=4, out_features=2, bias=True)
        Sigmoid()
        Linear(in_features=2, out_features=1, bias=True)
)
tensor([[0.0747]], grad_fn=<AddmmBackward>)
```

图 4-46　MLP 效果图

本项目通过对网络模型的搭建,使读者对网络层的原理、PyTorch 对应接口有了初步的理解和掌握,对 PyTorch 的数据操作也基本熟悉,最终能通过所学的知识熟练搭建自己的模型。

英 语 角

tensor	张量	gradient	梯度
loss function	损失函数	activation function	激活函数
analytical solution	解析解	numerical solution	数值解
learning rate	学习率	hyperparameter	超参数
weights	权重	bias	偏置
Zero-Centered	零中心化	Bias Shift	偏置偏移
input layer	输入层	output layer	输出层
hidden layer	隐藏层	full-connected layer	全连接层

任 务 习 题

1. 选择题

（1）在深度学习中，梯度下降的正确步骤是（　　　）。

①计算预测值与真实值间的误差

②迭代更新，直到找到误差最小时的权重

③前向计算，得到输出值

④初始化权重

⑤对每一个产生误差的神经元更新相应的权重

A. ①, ②, ③, ④, ⑤　　　　　　　　B. ③, ②, ①, ④, ⑤

C. ③, ②, ①, ⑤, ④　　　　　　　　D. ④, ③, ①, ⑤, ②

（2）（　　　）在神经网络中引入了非线性。

A. 随机梯度下降　　　　　　　　　B. Sigmoid 函数

C. 全连接层　　　　　　　　　　　D. 输入层

（3）假如有 x, y, z 3 个变量，两个神经元 a 和 b，函数分别是 $a=x+y$ 和 $b=a\times z$，如下图所示。如果此时 x, y, z 值分别是 $-2, 5, -4$，求得 b 的值是 -12，而真实值是 1，则 b 对 x, y, z 的梯度分别是（　　　）。

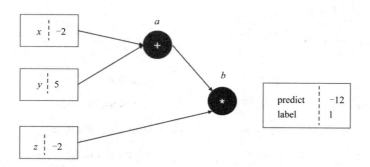

A. $(-3,4,4)$　　　　　B. $(4,4,3)$　　　　　C. $(-4,-4,3)$　　　　　D. $(3,-4,-4)$

（4）以下 4 种损失函数，（　　　　）常用于分类任务中。

A. 绝对误差损失　　　　　　　　　　　B. Hyber 损失

C. 均方误差损失　　　　　　　　　　　D. 负对数似然损失

（5）假设在神经网络中使用了激活函数 x，并得到了输出值 $-0.000\ 1$，x 可能是以下哪个激活函数？（　　　　）

A. ReLU　　　　　　　B. Tanh　　　　　　　C. Sigmoid　　　　　　D. 以上都不是

2. 简答题

（1）简述在深度学习中，为何要使用深度学习框架。

（2）简述机器学习算法与深度神经网络的区别。

项目五　深度学习进阶

通过对卷积神经网络、循环神经网络的学习,了解神经网络的相关概念,熟悉 PyTorch 进阶用法,深入了解 PyTorch 高效的数据处理接口,掌握一些开源数据集、神经网络的使用方法,具有使用 PyTorch 训练自定义深度学习模型的能力,在任务实施过程中:

● 了解 PyTorch 的进阶功能;
● 熟悉如何优雅地搭建神经网络模型;
● 掌握高效的数据载入方法;
● 具有训练和推理神经网络模型的能力。

【情境导入】

随着深度学习网络日益复杂,训练数据变得愈发多样,多层感知机模型已经无法处理各种各样的数据,一些特殊的神经网络被提出来处理特定的数据,如卷积神经网络用来处理图像数据、循环神经网络用来处理序列化数据、图神经网络用于处理基于图的数据。如何优雅且简洁地搭建深度学习模型和高效地载入训练数据成为不可忽视的问题。PyTorch 的出现给我们带来了希望,它的高度集成的模块、统一的接口极大地简化了我们搭建网络训练模型的时间。然而在训练模型之前,我们还需要对数据进行预处理等操作。本项目通过对 PyTorch 中数据、模型、预定义模型和数据等接口的讲解,使读者了解训练深度学习模型的整个过程。

【功能描述】

● 掌握神经网络的 PyTorch 接口。
● 使用 torch.nn.Module 构建模型。
● 使用 torch.utils.data.DataLoader 载入数据。
● 使用 torchvision.transforms 处理数据。

【结果展示】

通过对本项目的学习,能够使用 PyTorch 的数据并行、数据预处理和模型搭建,设计 LeNet 在 MNSIT 训练,如图 5-1 所示。

```
|epoch |     total loss      |
|  1   | 379.2150731550064   |
|  2   | 118.23432190791937  |
|  3   | 85.50222765681974   |
|  4   | 66.41554560528311   |
|  5   | 55.351435753331316  |
```

图 5-1　结果图

技能点一　卷积神经网络

多层感知机在 20 世纪 80 年代被广泛使用,但是随着研究的深入,研究者们发现多层感知机对于图片数据的处理效果并不好,原因有以下两个。

1)参数太多

如果输入图像大小为 100×100,那么紧接其后的隐藏层的每个神经元的连接数量为 10 000,同时每个连接将会对应一个需要更新的权重参数,使得整个网络参数非常大,导致网络训练缓慢。图片上的全连接网络如图 5-2 所示。

2)局部不变性

对于图片而言,物体一般具有局部不变性。比如缩放、平移、旋转等操作都不会改变物体的语义信息。图 5-3 给出了人脸的局部不变性的例子,经过平移、缩放、旋转后的图片仍是一张清晰的人脸。一般的前馈神经网络很难捕捉这些特性。

受生物学上感受野机制的启发,研究者们提出了一种新型的前馈神经网络,因为该网络的计算方式与数学上的卷积运算非常相似,所以称为卷积神经网络(Convolutional Neural Network,CNN)。

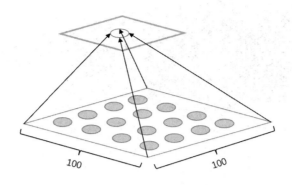

图 5-2　图片上的全连接网络

（a）　　　　　　　（b）　　　　　　　（c）　　　　　　　（d）

图 5-3　人脸的平移、缩放、旋转效果图

（a）原图　（b）平移　（c）缩放　（d）旋转

图 5-4 展示了多层感知机和卷积神经网络的结构。对比发现，多层感知机和卷积神经网络都属于前馈神经网络；不同的是，多层感知机相邻层之间为全连接，卷积神经网络则包含卷积层、池化层、全连接层。当然，也有些特殊的卷积神经网络没有全连接层，这时它们可以被称为全卷积网络（Full-Convolutional Neural Network，FCN）。

正是这些卷积层、池化层赋予了卷积神经网络局部感知、权值共享以及下采样的特性，相比于其他前馈神经网络，这些特性使得卷积神经网络具有局部不变性、参数量更少、鲁棒性更强的优点。

接下来，我们将探索卷积神经网络中卷积层和池化层的奥秘。

1. 卷积运算

虽然卷积层得名于卷积（Convolution）运算，事实上，我们使用的是一种较为直观的互相关（Cross-Correlation）运算。在二维卷积层中，一个二维输入矩阵和一个预先定义的二维矩阵（也称为卷积核、滤波器、卷积窗口）通过互相关运算来输出，下面我们从一个具体的样例出发，解释什么是互相关运算。

如图 5-5 所示，输入矩阵大小为 3×3，卷积核大小为 2×2，输出矩阵大小为 2×2。其中阴影部分表示第一次互相关计算所涉及的数据，计算过程为对应数据相乘，然后求和得到结果：

$$1 \times 1 + 2 \times 2 + 4 \times 3 + 5 \times 4 = 37$$

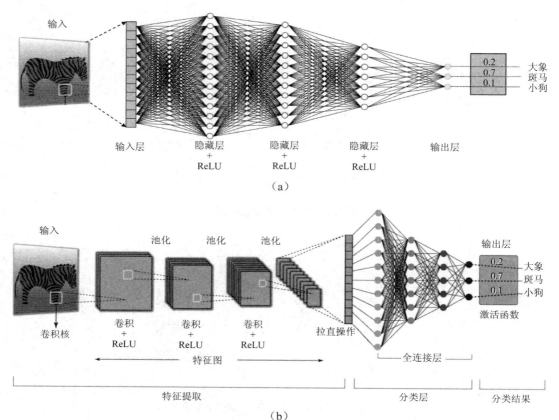

（a）

（b）

图 5-4　多层感知机和卷积神经网络

（a）多层感知机　（b）卷积神经网络

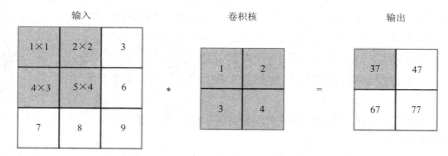

图 5-5　二维卷积层中的互相关运算

　　在二维的互相关计算中，卷积核会遍历输入矩阵的所有元素进行互相关计算，顺序为从左到右、从上到下，计算的结果按照卷积核在输入矩阵的相对位置进行组合，得到输出矩阵。因此，图 5-5 所有互相关计算结果为

$$1 \times 1 + 2 \times 2 + 4 \times 3 + 5 \times 4 = 37$$
$$2 \times 1 + 3 \times 2 + 5 \times 3 + 6 \times 4 = 47$$
$$4 \times 1 + 5 \times 2 + 7 \times 3 + 8 \times 4 = 67$$

$$5\times1+6\times2+8\times3+9\times4=77$$

依次按照左上、右上、左下、右下的位置将它们组合起来,得到了输出矩阵。

二维卷积层则是将输入矩阵和卷积核先进行互相关计算,然后将结果加上一个偏向(bias),我们称这个过程为神经网络的卷积运算。

在对图片进行卷积运算时,无论输入矩阵、卷积核、输出矩阵都是多维的,多维"矩阵"的卷积运算和二维也是类似的。

我们先将这些高维矩阵定义为张量(Tensor),用 $C\times H\times W$ 表示张量的形状,其中 C 表示张量的通道数,H 和 W 分别表示张量的高和宽。一个形状为 $6\times3\times4$ 的张量如图 5-6 所示。

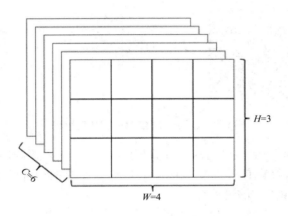

图 5-6　通道为 6,高为 3,宽为 4 的张量

图 5-7 展示了三维张量的互相关运算,输入为 $3\times3\times3$ 的张量,卷积核为 2 个 $3\times1\times1$ 的张量,也可以写为 $2\times3\times1\times1$,输出为 $2\times3\times3$ 的张量。

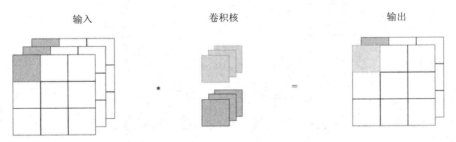

图 5-7　三维卷积层的互相关运算

与二维互相关运算类似,在进行三维卷积互相关运算的过程中,卷积核会按照从左到右、从上到下的顺序遍历输入,对应数据相乘然后相加,结果组成一个个二维矩阵(也称为特征图),这些特征图的组合就是输出。值得注意的是,卷积核张量的个数对应着输出的通道数,通道数对应输入的通道数。三维互运算后加上偏向便是完整的三维卷积运算。

对比图 5-5 和图 5-7 发现,它们的输入的大小都是 3×3,但是输出的大小却不尽相同(一个为 2×2,另一个为 3×3),影响输出大小的因素主要有 4 个:卷积核大小、步幅、填充、输入输出通道。

● 卷积核大小（kernel size），即为卷积核的高宽，决定每次在输入张量上计算时的区域，在其他条件不变的情况下，卷积核越大，输出特征图越小，反之越大。

● 步幅（stride），即卷积核遍历输入间隔的长度，一般来说，步幅越大，输出特征图越小，反之越大。图 5-8 展示了大小为 2×2 的卷积核以水平方向为 2，竖直方向为 2 的步幅或称为（2，2）的步幅遍历的过程。

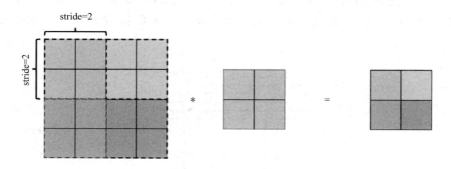

图 5-8　步幅为 (2,2) 的卷积遍历过程

● 填充（padding），是指在对输入进行卷积运算前，对输入矩阵的"四周"填充 0，能够增大输出矩阵的大小，又能保证卷积核能够处理输入图片的边界信息。图 5-9 展示了对 2×2 的输入矩阵高宽填充 1 的过程。

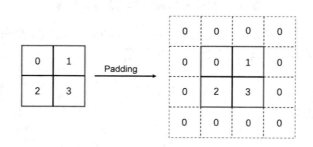

图 5-9　Padding 过程

● 输入、输出通道（channel），输入张量和输出张量的通道数，是进行卷积运算时需要确定的参数。

PyTorch 同样也封装了卷积运算 torch.nn.Conv2d()，常用参数如表 5-1 所示。

表 5-1　torch.nn.Conv2d() 的常用参数

参数名称	默认值	说明
in_channels	无	输入张量的通道数
out_channels	无	输出张量的通道数

续表

参数名称	默认值	说明
kernel_size	无	卷积核大小
stride	1	步幅大小
padding	0	输入矩阵的高宽填充维度大小
bias	True	是否需要学习卷积运算的偏向

调用 torch.nn.Conv2d()，可以灵活地定义自己的卷积运算，图 5-7 所示的卷积运算的代码 CORE0501 如下所示。

代码 CORE0501

```
# 导入 PyTorch 深度学习库
import torch
# 定义一个输入张量
input_tensor=torch.rand(1, 3, 3, 3)
# 打印输入张量大小
print("输入张量大小:")
print("\t", input_tensor.shape)
# 定义一个输入通道数为 3，输出通道数为 2，
# 卷积核大小为 1×1，填充为 0，步幅为 1 的卷积运算
conv=torch.nn.Conv2d(in_channels=3,
            out_channels=2,
            kernel_size=(1, 1),
            padding=0,
            stride=1)
# 打印卷积核的权重
print("卷积核大小:")
print("\t", conv.weight.shape)
# 进行卷积运算
output_tensor=conv(input_tensor)
# 打印输出张量大小
print("输出张量大小:")
print("\t", output_tensor.shape)
```

卷积操作计算结果如图 5-10 所示，输入大小为 3×3×3 的张量，经过一个输入通道数为 3，输出通道数为 2，卷积核大小为 1×1，填充为 0，步幅为 1 的卷积运算后，输出大小为 2×3×3 的张量。图 5-10 所示结果与图 5-7 完全匹配。

```
输入张量大小:
        torch.Size([1, 3, 3, 3])
卷积核大小:
        torch.Size([2, 3, 1, 1])
输出张量大小:
        torch.Size([1, 2, 3, 3])
```

图 5-10　卷积操作计算结果

2. 池化运算

与卷积层相同,池化层(Pooling Layer)也是卷积神经网络的标志,也称为子采样层(Subsampling Layer)。通常池化层紧接着卷积层,其作用是进行特征选择,降低特征数量,从而减少参数数量。卷积层虽然可以显著减少网络中连接的数量,但输出中的数据总量并没有显著减少。如果后面接一个全连接层,全连接层的输入维数依然很高,很容易出现过拟合。为了解决这个问题,可以在卷积层之后加上一个池化,从而降低特征维数,避免过拟合。常用的池化操作有两种,分别是最大池化(Max Pooling)和平均池化(Mean Pooling)。

● 最大池化(Max Pooling),对指定的池化区域,选择最大值,并按照一定的步幅从上到下、从左到右遍历输入矩阵,最后将所有最大值按照池化区域组合得到输入矩阵。图 5-11 展示了池化区域为 2×2,步幅为 2 的最大池化过程。其中每一个颜色的池化区域都输出最大值。

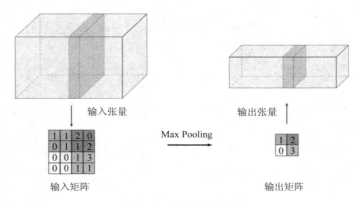

图 5-11　最大池化过程

PyTorch 中最大池化层的接口为 torch.nn.MaxPool2d(),常用参数如表 5-2 所示。

表 5-2　torch.nn.MaxPool2d() 的常用参数

参数名称	默认值	说明
kernel_size	无	池化区域大小
stride	1	步幅大小
padding	0	输入矩阵的高宽填充维度大小

通过 PyTorch,图 5-11 的池化过程可以方便地实现,代码 CORE0502 如下所示。

```
代码 CORE0502
# 定义一个输入张量
input_tensor=torch.rand(1, 100, 4, 4)
# 打印输入张量大小
print("输入张量大小:")
print("\t", input_tensor.shape)
# 定义一个池化区域为 2×2,填充为 0,步幅为 2 的最大池化运算
maxpool=torch.nn.MaxPool2d(kernel_size=(2, 2),
                stride=2,
                padding=0)
# 进行最大池化运算
output_tensor=maxpool(input_tensor)
# 打印输出张量大小
print("输出张量大小:")
print("\t", output_tensor.shape)
```

池化操作的计算结果如图 5-12 所示,对于一个输入大小为 100×4×4 的张量,经过一个池化区域为 2×2,填充为 0,步幅为 2 的最大池化运算,最终输出为 100×2×2 的张量。

```
输入张量大小:
        torch.Size([1, 100, 4, 4])
输出张量大小:
        torch.Size([1, 100, 2, 2])
```

图 5-12　池化操作的计算结果

● 平均池化(Mean Pooling),与最大池化几乎完全一致,唯一不同的是平均池化选择池化区域的平均值作为输出。PyTorch 的平均池化层的接口为 torch.nn.AvgPool2d(),参数和用法与 torch.nn.MaxPool2d() 一样。

3. 几种常用的卷积

卷积的变种有很多种,可以通过步幅核填充来进行不同的卷积操作,本部分介绍一些常用的卷积方式。

1)转置卷积

我们一般可以通过卷积操作来实现从高维特征到低维特征的转换。比如在二维卷积中,一个 5×5 的输入矩阵,经过一个 3×3 卷积核,步幅 $S=1$,填充 $P=0$ 的卷积操作,其输出为 3×3 维特征,如图 5-13(a) 所示。如果设置步幅 $S>1$,可以进一步降低输出特征的维数。但在一些任务中,我们需要将低维矩阵映射到高维矩阵,并且依然希望通过卷积操作来实现,这种卷积操作称为转置卷积(Transposed Convolution),有时也称为反卷积(Deconvolution)。图 5-13(b)展示了转置卷积的计算过程,其中输入矩阵为 2×2,卷积核大小为 3×3,填充 $P=2$,步幅 $S=1$,但是卷积运算输出大小为 4×4,大于输入矩阵,这样实现了从低维特征到高维特征的转换。

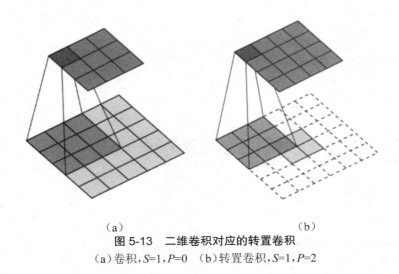

（a）　　　　　　　　　　　　　　　　（b）

图 5-13　二维卷积对应的转置卷积

（a）卷积，S=1，P=0　（b）转置卷积，S=1，P=2

通过 torch.nn.Conv2d()，可以实现这种卷积操作，代码 CORE0503 如下所示。

```
代码 CORE0503
# 初始化输入
x=torch.rand(1, 1, 2, 2)
print("输入大小:")
print("\t", x.shape)
# 定义一个输入通道、输出通道为 1
# 卷积核大小为 (3, 3)，填充为 2，步幅为 1 的转置卷积
conv=torch.nn.Conv2d(in_channels=1,
          out_channels=1,
          kernel_size=(3,3),
          padding=2,
          stride=1)
print("输出大小:")
print("\t", conv(x).shape)
```

转置卷积的计算结果如图 5-14 所示，经过经过转置卷积，输入张量大小从 $1\times2\times2$ 增加到 $1\times4\times4$。

```
输入大小:
        torch.Size([1, 1, 2, 2])
输出大小:
        torch.Size([1, 1, 4, 4])
```

图 5-14　转置卷积的计算结果

2）空洞卷积

空洞卷积（Atrous Convolution）是不增加参数量，通过给卷积核插入"空洞"变相增加输

出感受野的一种方法,也称为膨胀卷积(Dilated Convolution)。图 5-15 展示了空洞卷积的计算过程,图 5-15(a)膨胀率 $D=2$,即表示卷积计算时,在卷积核中插入 1($D-1=1$)个维度的 0 元素,这样急剧地降低了输入矩阵的维度。

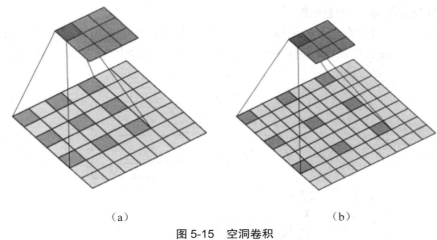

（a） （b）

图 5-15 空洞卷积
（a）膨胀率 D22 （b）膨胀率为 D23

同样使用 torch.nn.Conv2d() 也能实现图 5-15(b)的空洞卷积,代码 CORE0504 如下所示。

```
代码 CORE0504
# 初始化输入
x=torch.rand(1, 1, 9, 9)
print("输入大小:")
print("\t", x.shape)
# 初始化通道为 1,卷积核大小为 (3, 3)
# 填充为 0,步幅为 1,膨胀率为 3 的空洞卷积
conv=torch.nn.Conv2d(in_channels=1,
            out_channels=1,
            kernel_size=(3,3),
            padding=0,
            stride=1,
            dilation=3)
print("输出大小:")
print("\t", conv(x).shape)
```

空洞卷积的计算结果如图 5-16 所示,空洞卷积使得输入大小为 $1×9×9$ 的张量急剧地缩小为 $1×3×3$ 的输出张量。

输入大小:

```
torch.Size([1, 1, 9, 9])
```

输出大小:

```
torch.Size([1, 1, 3, 3])
```

图 5-16 空洞卷积的计算结果

4. 几种典型的卷积神经网络

卷积神经网络起源是感知机模型,演化过程主要有 4 个方向:①更深的网络结构; ②更强的卷积层;③更广泛的应用;④更新的功能模块。卷积网络的发展如图 5-17 所示。

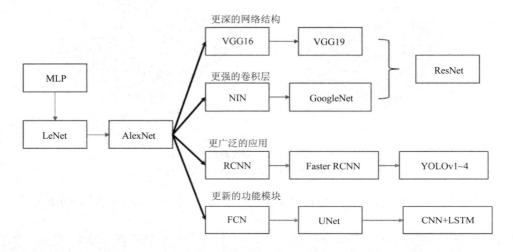

图 5-17 卷积网络的发展

1)LeNet-5

LeNet-5 是一个非常成功的神经网络模型。手写字体识别模型 LeNet-5 诞生于 1994 年,是最早的卷积神经网络之一。LeNet-5 通过巧妙的设计,利用卷积、参数共享、池化等操作提取特征,避免了大量的计算成本,最后再使用全连接神经网络进行分类识别,这个网络也是最近大量神经网络架构的起点。基于 LeNet-5 的手写数字识别系统在 20 世纪 90 年代被美国很多银行使用,用来识别支票上面的手写数字。它包含 3 个卷积层、3 个池化层、1 个全连接层。LeNet-5 网络结构如图 5-18 所示。

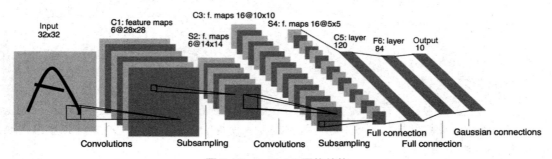

图 5-18 LeNet-5 网络结构

LeNet-5 网络每层的定义如下。

● 输入层（Input）。输入层接收输入大小为 32×32 的灰度图像，如果输入图像不等于这个尺寸，则需要归一化至 32×32。

● C1 卷积层。该层接收的输入为 32×32 的图片，输出为 6 张 28×28 的特征图。因此卷积层的参数配置为：卷积核大小 5×5，步长为 1，填充为 0，输入通道数为 1，输出通道数为 6。

● S2 下采样层。该层属于最大池化层，经过最大池化，输出特征图大小为输入的 1/4。因而，参数配置为：池化区域大小为 2×2，步幅为 2，填充为 0。

● C3 卷积层。该层接收的输入为 6×14×14 的张量，输出为 16×10×10 的张量。因而，该层的参数配置为：卷积核大小为 5×5，步幅为 1，填充为 0，输入通道数为 6，输出通道数为 10。

● S4 下采样层。该层属于最大池化，输入特征图大小为 10×10，输出特征图大小为 5×5，参数配置为：池化区域大小为 2×2，步幅为 2，填充为 0。

● C5 卷积层。输入为 16×5×5 的张量，输出为 120×1×1。卷积层的参数配置为：卷积核大小为 5×5，步幅为 0，填充为 0，输入通道数为 16，输出通道数为 120。

● F6 全连接层。输入为维度是 120 的向量，输出为维度是 84 的向量，全连接层的参数配置为：输入特征维度为 120，输出特征维度为 84。

● Output 全连接层。输入为维度里 84 的向量，输出为维度里 10 的向量，因而，全连接层的参数配置为：输入特征维度为 84，输出特征维度为 10。

2）AlexNet

AlexNet 赢得了 2012 年 ImageNet 图像分类竞赛的冠军。它是第一个现代深度卷积网络模型，首次使用了很多现代深度卷积网络的技术方法，比如使用 GPU 进行并行训练，使用 Dropout 防止过拟合，使用数据增强来提高模型准确率等。它包含 5 个卷积层、3 个池化层核、3 个全连接层。AlexNet 网格结构如图 5-19 所示。

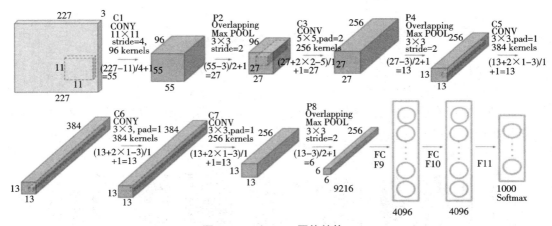

图 5-19　AlexNet 网络结构

AlexNee 网络每层的定义如下。

● 输入层。允许输入图片大小为 224×224，通道数为 3。

● C1 卷积层。卷积核大小为 11×11，步幅为 4，填充为 2，输入通道数为 3，输出通道数为 96。

● P2 池化层。池化区域为 3×3，池化步幅为 2。

● C3 卷积层。卷积核大小为 5×5，步幅为 1，填充为 2，输入通道数为 96，输出通道数为 256。

● P4 池化层。池化区域为 3×3，步长为 2。

● C5 卷积层。卷积核大小为 3×3，步幅为 1，填充为 1，输入通道数为 256，输出通道数为 384。

● C6 卷积层。卷积核大小为 3×3，步幅为 1，填充为 1，输入通道数为 384，输出通道数为 384。

● C7 卷积层。卷积核大小为 3×3，步幅为 1，填充为 1，输入通道数为 384，输出通道数为 256。

● C8 卷积层。卷积核大小为 3×3，步幅为 2，输入通道数为 256，输出通道数为 256。

● F9 全连接层。输入特征为 256×6×6，输出特征为 4096。

● F10 全连接层。输入特征为 4096，输出特征为 4096。

● F11 输出层。输入特征为 4096，输出特征为 10。

3）GoogleNet

GoogleNet 由 9 个 Inception v1 模块核、5 个池化层以及一些卷积层和全连接层构成。GoogleNet 获得了 2014 年的 ImageNet 冠军。GoogleNet 网络结构如图 5-20 所示。

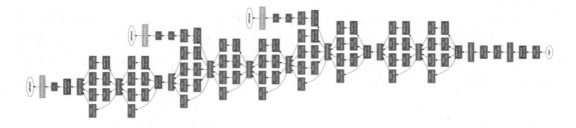

图 5-20　GoogleNet 网络结构

4）ResNet

通过给非线性的卷积层增加直连边（Shortcut Connection）的方式来提高信息的传播效率。这种方式能在一定程度上解决梯度消失的现象，提高网络的训练效率和深度。ResNet 网络结构如图 5-21 所示。

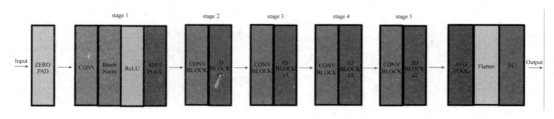

图 5-21　ResNet 网络结构

技能点二　循环神经网络

前文提到,卷积神经网络局部感知、权值共享以及下采样的特性使得网络在处理图片数据时更加"得心应手",但是在面对序列数据时却显得"能力不足",因为这些数据往往需要上下文信息的结合才能具有完整的含义。例如一段文字或声音、购物和观影的顺序甚至是图片的一行或者一列像素。

循环神经网络 (Recurrent Neural Network, RNN) 是一种记忆神经网络,是为了更好地处理时序信息而设计的,广泛应用于语言模型、文本分析、机器翻译、语音识别、图像分析、手写识别和推荐系统,如图 5-22 所示。

图 5-22　RNN 的应用场景

本部分主要介绍 RNN 的结构,并由此阐述 RNN 适合处理序列信息的原理。接着,我们将介绍几种常见的 RNN 单元,包括门控神经单元和长短记忆神经单元,并通过 PyTorch 来实现这些单元。最后,我们将这些单元拓展到深度循环神经网络。

1. 什么是 RNN

就像卷积网络是专门用于处理图片数据的神经网络,循环神经网络是专门用于处理序列的神经网络。下面我们从一个样例出发,介绍 RNN 处理序列数据的过程。

假如我们需要理解"我 / 爱 / 深度学习"所表达的含义,在语言学上,我们需要理解这个句子的主语"我"、谓语"爱"、宾语"深度学习",将这三者按照顺序结合才能获得这句话完整的含义。如果使用深度学习,首先需要将每个词语进行词嵌入(Word Embedding),词嵌入是一种将文本中的词转换成数字向量的方法,为了使用标准机器学习算法来对它们进行分析,把这些词语转换成数字的向量输入。经过词嵌入后的数值向量称为词向量(Word Vector),例如,"我"对应词向量 X_1,"爱"对应 X_2,"深度学习"对应 X_3。图 5-23 展示了词嵌入的过程。

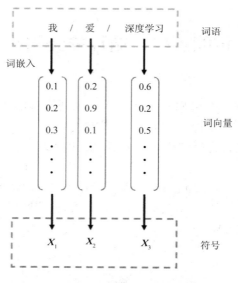

图 5-23　"我爱深度学习"的词嵌入过程

对于深层感知机,为了将完整的句子输入至网络中,首先将句子的词语对应的词向量取平均值,即句子"我爱深度学习"对应的词向量 $X = \dfrac{(X_1 + X_2 + X_3)}{3}$,然后输入深层感知机模型,由于之前的取平均操作消除了该句子的词语顺序,因此深层感知机输出可能为"深度学习 / 爱 / 我"或者"深度学习 / 我 / 爱"等,显然这些句子和原始输入的含义完全不一致。深层感知机和循环神经网络处理数据的对比如图 5-24(a) 所示。

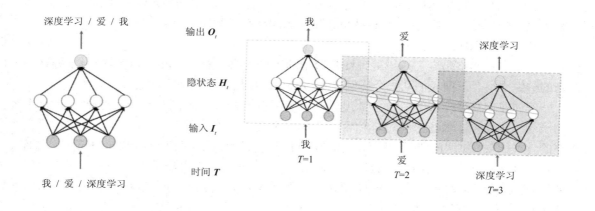

（a）　　　　　　　　　　　　　　　　　　　　　　（b）

图 5-24　深层感知机和循环神经网络处理数据的对比

（a）深层感知机　（b）循环神经网络

RNN 是一种记忆网络,意味着数据不仅是前向传播,而且内部神经元还接收历史信息。

图 5-24(b) 展示了循环神经网络的数据处理过程:首先将"我/爱/深度学习"对应的词向量 X_1, X_2, X_3 输入神经网络,在每个时刻中,输入 I_t 通过全连接层传递至隐状态 H_t,同时上一个时刻的隐状态 H_{t-1} 也会传递信息给 H_t,由 (H_{t-1}, H_t) 构成的信息经过全连接层后到达输出层,从而输出本次的结果 O_t。整个序列依次输出 ["我","爱","深度学习"],经过组合后句子为"我/爱/深度学习"。

通过上述的例子我们已经理解了 RNN 的数据传递过程,接下来介绍 RNN 的结构。

2. 简单的 RNN 结构和实现

RNN 通过使用带自反馈的神经元,能够处理任意长度的时序数据。图 5-25 展示了 RNN 单元的结构,其中 I_t、H_t、O_t 分别代表 RNN 的输入、隐状态、输出,U、W、V 代表内部全连接层的权重。因而在 t 时刻,

$$H_t = f(UI_t + WH_{t-1} + b_{ih})$$
$$O_t = g(VH_t + b_{hh})$$

其中,f, g 为非线性激活函数;b_{ih}, b_{hh} 为全连接层的偏向向量。

PyTorch 中也封装了 RNN 单元的接口,torch.nn.RNNCell(),常用参数如表 5-3 所示。

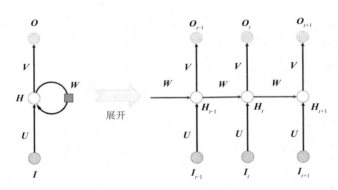

图 5-25 RNN 单元的结构图

表 5-3 torch.nn.RNNCell() 的常用参数

参数名称	默认值	说明
input_size	无	输入向量 I_t 的长度
hidden_size	无	隐状态向量 H_t 的长度
bias	True	内部全连接层是否使用偏向
nonlinearity	'tanh'	内部全连接层激活函数的类型

例如创建一个输入大小为 128,隐状态大小为 256,输出大小为 10 的 RNN 单元,代码 CORE0505 如下所示。

```
代码 CORE0505

# 初始化输入向量
```

```
i=torch.rand(1, 128)
print("输入 I 大小:")
print("\t", i.shape)


# 初始化输入大小为 128, 隐状态大小为 256,
# 激活函数为 Tanh, 包含偏向的 RNNCell
rnncell=torch.nn.RNNCell(input_size=128,
                hidden_size=256,
                bias=True,
                nonlinearity='tanh')
print("权重 W 的大小:")
print("\t", rnncell.weight_hh.shape)
print(" 权重 U 的大小:")
print("\t", rnncell.weight_ih.shape)


# 直接定义输出层, 输入特征数为 256, 输出特征数为 10
out_layer=torch.nn.Linear(256, 10)
print("权重 V 的大小:")
print("\t", out_layer.weight.shape)


# 计算得到权重
h=rnncell(i)
print("隐状态向量 H 大小:")
print("\t", h.shape)


# 计算得到输出值
o=out_layer(h)
print("输出 O 大小:")
print("\t", o.shape)
```

torch.nn.RNNCell() 的调用结果如图 5-26 所示, 可以发现 torch.nn.RNNCell() 仅封装了 RNN 中计算隐状态的部分。

```
输入I大小:
        torch.Size([1, 128])
权重W的大小:
        torch.Size([256, 256])
权重U的大小:
        torch.Size([256, 128])
权重V的大小:
        torch.Size([10, 256])
隐状态向量H大小:
        torch.Size([1, 256])
输出O大小:
        torch.Size([1, 10])
```

图 5-26　torch.nn.RNNCell() 的调用结果

隐状态到输出的计算仍需创建全连接层。这正是 PyTorch 高明的地方,尽管对于图 5-25 的单层隐状态 RNN 实现略微麻烦,却可以很方便地实现含有多个隐藏状态的 RNN (也称为多层 RNN)。

例如,实现图 5-27 所示的双层 RNN 单元,代码 CORE0506 如下所示。

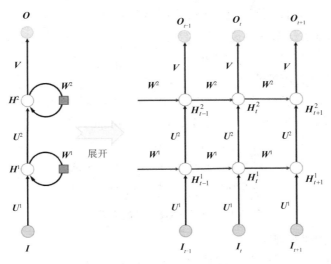

图 5-27 双层 RNN 单元的结构

```python
# 初始化输入向量
i=torch.rand(1, 128)
print(">输入大小:", i.shape)
# 第一层 RNN 单元
rnncell1=torch.nn.RNNCell(input_size=128,
            hidden_size=256,
            bias=True,
            nonlinearity='tanh')
# 第二层 RNN 单元
rnncell2=torch.nn.RNNCell(input_size=256,
            hidden_size=256,
            bias=True,
            nonlinearity='tanh')
# 构建输出的全连接层
linear=torch.nn.Linear(256, 10)
# 组合成两层 RNN 按顺序计算
h1=rnncell1(i)
h2=rnncell2(h2)
# 输出结果
```

```
o=linear(h2)

#打印结果
print(">第一层:")
print("隐状态向量 H1 大小:", h1.shape)
print(">第二层:")
print("隐状态向量 H2 大小:", h2.shape)
print(">输出大小:", o.shape)
```

双层 RNN 单元的实现结果如图 5-28 所示。在原有单层 RNN 单元的基础上,堆叠一个隐状态大小为 256 的 RNN 单元,仅通过添加一行代码便能实现。

```
>输入大小:   torch.Size([1, 128])
>第一层:
隐状态向量H1大小:   torch.Size([1, 256])
>第二层:
隐状态向量H2大小:   torch.Size([1, 256])
>输出大小:   torch.Size([1, 10])
```

图 5-28　双层 RNN 单元的实现结果

3. LSTM 的结构和实现

虽然使用 RNN 单元能够方便地处理时序数据,但是它仍存在一些问题。

● RNN 有短期记忆问题,无法处理很长的输入序列。

● 训练 RNN 需要投入极大的成本,容易出现梯度消失和梯度爆炸。

长短期记忆神经单元(Long Short Term Memory, LSTM)则绕开了这些问题,可以从语料中学习到长期依赖关系。比如"我从小在中国长大,我会说 ＿＿",要预测"＿＿"中应该填哪个词时,跟很久之前的"中国"有密切关系。

传统的 RNN 单元仅执行一个激活操作,而 LSTM 中则引入了 3 个门,即输入门(Input Gate)、遗忘门(Forget Gate)和输出门(Output Gate)以及与隐状态具有相同形状的记忆细胞(有时也被认为是另一种隐状态),记忆细胞用于记录额外信息。LSTM 单元的结构如图 5-29 所示。

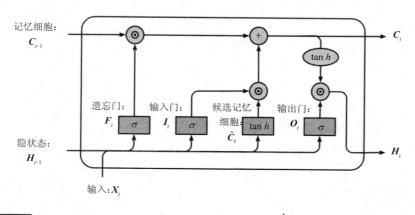

图 5-29　LSTM 单元的结构

● 遗忘门作用于记忆细胞,能够让记忆细胞选择性地忘记一些信息。例如,"他今天有事,所以我……",当处理到"我"的时候选择性地忘记前面的"他",或者说减小这个词对后面词的作用。

● 输入门作用于细胞状态,可以将新的信息选择性的记录到细胞状态中。例如,"他今天有事,所以我……",当处理到"我"这个词的时候,就会把主语"我"更新到细胞中。

● 输出门作用于隐状态,可以传递隐状态至下一个 LSTM 单元。

同样,在 PyTorch 中也封装了 LSTM 单元的接口 torch.nn.LSTMCell(),常用参数如表 5-4 所示。

表 5-4　torch.nn.LSTMCell() 的常用参数

参数名称	默认值	说明
input_size	无	输入向量 I_t 的长度
hidden_size	无	隐状态向量 H_t 的长度
bias	True	内部全连接层是否使用偏向

torch.nn.LSTMCell() 的调用方法和 torch.nn.RNNCell() 完全一致,代码 CORE0507 如下所示。

```
代码 CORE0507
# 初始化输入向量
i=torch.rand(1, 128)
print("输入 I 大小:")
print("\t", i.shape)


# 初始化输入大小为 128,隐状态为 256(细胞状态也为 256)
# 激活函数为 Tanh,包含偏向的 LSTMCell
lstmcell=torch.nn.LSTMCell(input_size=128,
                hidden_size=256,
                bias=True)


# 直接定义输出层,输入特征数为 256,输出特征数为 10
out_layer=torch.nn.Linear(256, 10)


# 计算得到权重
c, h=lstmcell(i)
print("隐状态向量 H 大小:")
print("\t", h.shape)
print("细胞状态 C 大小:")
```

```
print("\t", c.shape)

# 计算得到输出值
o = out_layer(h)
print(" 输出 O 大小：")
print("\t", o.shape)
```

torch.nn.LSTMCell() 的调用结果如图 5-30 所示。

```
输入I大小：
        torch.Size([1, 128])
隐状态向量H大小：
        torch.Size([1, 256])
细胞状态C大小：
        torch.Size([1, 256])
输出O大小：
        torch.Size([1, 10])
```

图 5-30　torch.nn.LSTMCell() 的调用结果

4. 门控神经单元

门控神经单元（Gated Recurrent Unit, GRU）就是 LSTM 的一个变种。它将遗忘门和输入门合成了一个单一的更新门。同样还混合了细胞状态、隐藏状态和其他一些改动。最终的模型既保留了 LSTM 对于长期信息的依赖关系，同时也变得更加简单，是一种非常流行的 RNN 变种。GRU 单元的结构如图 5-31 所示。

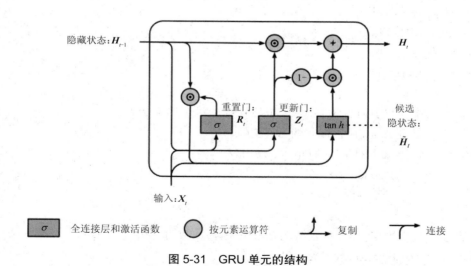

图 5-31　GRU 单元的结构

相比于 LSTM 的 3 个门，GRU 使用两个门来控制信息的更新和传递。

● 重置门，作用在输入上，决定了如何把新的输入与之前的记忆相结合，有助于捕捉时间序列里的短程依赖关系。

● 更新门，合并了 LSTM 的输入门和遗忘门。更新门决定多少先前的记忆起作用，同时有助于捕捉时间序列中的长程依赖关系。

PyTorch 的封装接口为 torch.nn.GRUCell()，常用参数如表 5-5 所示。

表 5-5　torch.nn.GRUCell() 的常用参数

参数名称	默认值	说明
input_size	无	输入向量 I_t 的长度
hidden_size	无	隐状态向量 H_t 的长度
bias	True	内部全连接层是否使用偏向

torch.nn.GRUCell() 的用法与前两种神经单元类似，代码 CORE0508 如下所示。

```
代码 CORE0508
# 初始化输入向量
i=torch.rand(1, 128)
print("输入 I 大小:")
print("\t", i.shape)

# 初始化输入大小为 128，隐状态大小为 256,
# 激活函数为 Tanh，包含偏向的 GRUCell
grucell=torch.nn.GRUCell(input_size=128,
             hidden_size=256,
             bias=True)

# 直接定义输出层，输入特征数为 256，输出特征数为 10
out_layer=torch.nn.Linear(256, 10)

# 计算得到权重
h=grucell(i)
print("隐状态向量 H 大小:")
print("\t", h.shape)

# 计算得到输出值
o=out_layer(h)
print("输出 O 大小:")
print("\t", o.shape)
```

torch.nn.GRUCell() 的调用结果如图 5-32 所示。

```
输入I大小:
        torch.Size([1, 128])
隐状态向量H大小:
        torch.Size([1, 256])
输出O大小:
        torch.Size([1, 10])
```

图 5-32　torch.nn.GRUCell() 的调用结果

5. 循环神经网络

前几节我们介绍了单个的神经单元：RNNCell、LSTMCell、GRUCell。这些单元如人工神经元一样，对于数据的表达能力有限。因而在深度学习应用当中，我们通常会用到含有多个隐藏层的循环神经网络，也称作深度循环神经网络。

图 5-33 定义了一个以 RNNCell 为基础的深度循环神经网络，其中包含 T 个时间序列，隐藏层个数为 L。不妨假设 $T=10, L=16$，输入向量大小为 128，隐状态大小为 256，接下来我们将借助 PyTorch 实现图 5-33 的深度循环神经网络。

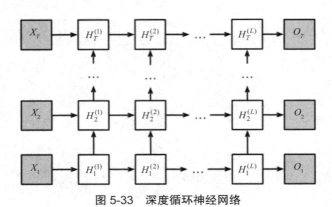

图 5-33　深度循环神经网络

在 PyTorch 中，以 RNN 为神经单元的深度神经网络接口为 torch.nn.RNN()，常用参数如表 5-6 所示。

表 5-6　torch.nn.RNN() 的常用参数

参数名称	默认值	说明
input_size	无	输入向量的长度
hidden_size	无	隐状态向量的长度
num_layers	1	隐藏层的数量
nonlinearity	'tanh'	内部全连接层使用的非线性激活类型
bias	True	内部全连接层是否使用偏向
batch_first	False	是否使用 batch_first 的格式。设置为 True，表示使用，此时接收的输入格式为 [batch_size, seq_len, input_size]（既批次大小、序列长度、输入大小）；否则表示不使用，接收的输入格式为 [seq_len, batch_size, input_size]
dropout	0	是否使用丢弃法，取值为 [0,1)。如果为 0 表示不使用，否则表示丢弃神经元的概率
bidirectional	False	是否使用双向 RNN 单元

借助 torch.nn.RNN() 可以很方便地实现图 5-33 的深度循环神经网络，代码 CORE0509 如下所示。

```
代码 CORE0509

# 初始化输入向量
x=torch.rand(1, 10, 128)
print("输入大小为:")
print("\t", x.shape)

# 初始化输入大小为 128,隐状态大小为 256,隐藏层数量为 10, batch_first 格式的深
    度循环神经网络
rnn=torch.nn.RNN(input_size=128, hidden_size=256, num_layers=10, batch_first=False)
# 深度循环神经网络前向传播
o=rnn(x)
# 仅打印最后一层隐藏层的状态
print("输出大小为:")
print("\t", o[0].shape)
```

torch.nn.RNN() 的调用结果如图 5-34 所示,最终创建了一个隐藏层数量为 10、输入大小为 128、隐状态大小为 256 的深度循环神经网络。

```
输入大小为:
        torch.Size([1, 10, 128])
输出大小为:
        torch.Size([1, 10, 256])
```

图 5-34 torch.nn.RNN() 的调用结果

同样,使用 LSTMCell 和 GRUCell 作为神经单元的深度循环神经网络,Pytorch 的接口为 torch.nn.LSTM() 和 torch.nn.GRU,它们的接口参数一致,使用方法可参考 torch.nn.RNN(),常用参数如表 5-7 所示。

表 5-7 torch.nn.LSTM() 和 torch.nn.GRU() 的常用参数

参数名称	默认值	说明
input_size	无	输入向量的长度
hidden_size	无	隐状态向量的长度
num_layers	1	隐藏层的数量
bias	True	内部全连接层是否使用偏向
batch_first	False	是否使用 batch_first 的格式。设置为 True,表示使用,此时接收的输入格式为 [batch_size, seq_len, input_size](既批次大小、序列长度、输入大小);否则表示不使用,接收的输入格式为 [seq_len, batch_size, input_size]
dropout	0	是否使用丢弃法,取值为 [0,1)。如果为 0 表示不使用,否则表示丢弃神经元的概率
bidirectional	False	是否使用双向 RNN 单元

技能点三　其他神经网络

在计算机视觉以及自然语言处理领域中,现有的技术大多把原始输入表示为欧几里得数据(Euclidean Data)。欧几里得数据最显著的特征就是有规则的空间结构,比如图片是规则的正方形栅格,语音是规则的一维序列。而这些数据结构能够用一维、二维的矩阵表示,如图 5-35 所示。

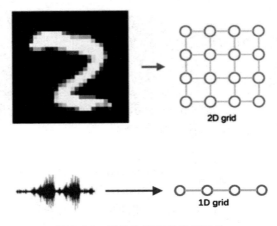

图 5-35　图片和语音的空间结构

但是在现实的处理问题中还存在大量的非欧几里得数据,如社交多媒体网络数据、化学成分结构数据、生物基因蛋白数据以及知识图谱数据等。图 5-36 展示了蛋白质分子、图片连通区域、社交网站跳转的图结构。

图神经网络 (Graph Neural Network, GNN) 是一种直接作用于图结构上的神经网络。图神经网络有以下特点:

● 忽略图的节点的输入顺序;

● 在计算过程中,节点的表示受其周围邻居节点的影响,而图结构不变;

● 图结构的表示,使得图神经网络可以进行基于图的推理。

相比于神经网络最基本的网络结构多层感知机,隐藏层的输出为输入矩阵 X 乘以权重矩阵 W。图神经网络则多了一个邻接矩阵,隐藏层的计算形式也简单,依次将邻接矩阵 A、输入矩阵 X、权重矩阵 W 相乘再加上一个非线性变换,如图 5-37 所示。

由于图神经网络可以对图数据进行表征学习,因而它被广泛应用于基于图数据的领域,如社交网络、推荐系统、金融风控、物理系统、分子化学、生命科学、知识图谱、交通预测等领域。

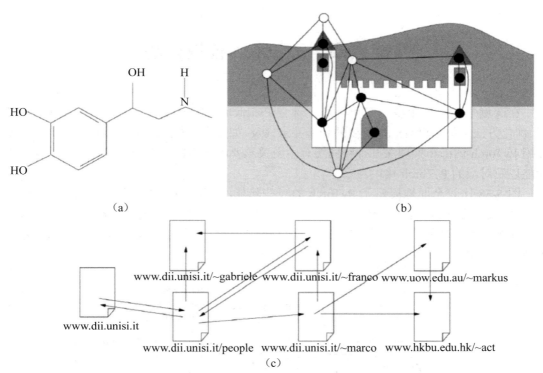

图 5-36　蛋白质分子、图片连通区域、社交网站跳转的图结构
（a）蛋白质分子　（b）图片连通区域　（c）社交网站跳转

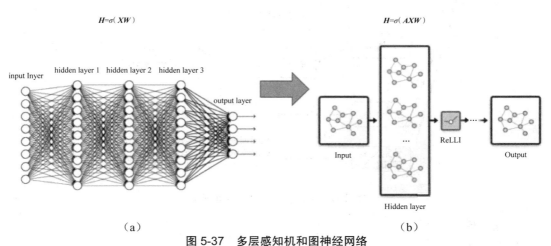

图 5-37　多层感知机和图神经网络
（a）多层感知机　（b）图神经网络

技能点四　PyTorch 模块详解

在深度学习一章中我们简单介绍了部分 PyTorch 的功能：数据处理、一些常用的网络层、优化方法。但是仍有一些重要的功能并未提及，如数据并行、数据处理等，这些功能对于使用 PyTorch 训练和推理深度神经网络有着至关重要的作用。本部分将帮助大家了解这些功能以及对应的 PyTorch 接口。

图 5-38 比较全面地展示了 PyTorch 的一些功能，分为 4 个类型：数据、网络层、优化方法、预定义模型和数据。对于优化方法，我们已经在深度学习部分进行了完整的介绍，而对其他 3 个类型的功能了解得并不完善。下面我们从数据、网络层、预定义模型和数据来介绍 PyTorch 的模块。

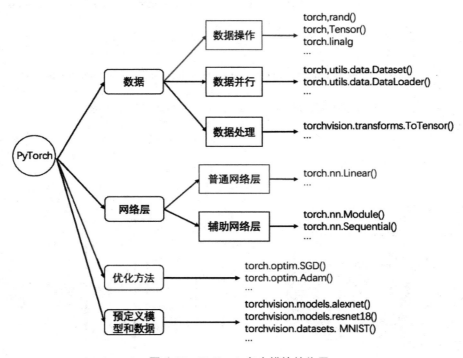

图 5-38　PyTorch 各个模块的作用

1. 数据模块

1）数据预处理

在深度学习中，数据的预处理是非常重要的：一方面，可以增大训练数据，使得小数据集也能训练出表现很好的模型；另一方面，能使得模型适应各种各样的图片，从而具备优秀的泛化性能。

PyTorch 同样封装了一个专门的模块来进行深度学习图片数据的预处理操作——torch-vision.transforms，这个模块封装了随机翻转、随机擦除、随机裁剪、缩放、填充、标准化等常用的数据处理操作,值得注意的是这些操作针对的数据格式为 PIL.Image 类或者 torch.Tensor 类。操作对应的接口函数如表 5-8 所示。

表 5-8 PyTorch 常用的图片数据预处理操作

操作名称	接口函数	接口描述	数据格式
图片缩放	torchvision.transforms.Resize()	对图片进行缩放操作	PIL.Image
图片填充	torchvision.transforms.Pad()	对图片的四周填充指定数据	PIL.Image
中心裁剪	torchvision.transforms.CenterCrop()	对图片进行中心裁剪	PIL.Image
图片抖动	torchvision.transforms.Jitter()	调整图片的亮度、饱和度、对比度	PIL.Image
灰度化	torchvision.transforms.Grayscale()	将 RGB 图片转换成灰度图片	PIL.Image 或 torch.Tensor
随机仿射变换	torchvision.transforms.RandomAffine()	将图片进行随机仿射变换	PIL.Image
随机擦除	torchvision.transforms. RandomErasing()	将图片随机抹除一部分区域	torch.Tensor
随机水平翻转	torchvision.transforms. RandomHorizontalFlip()	随机将图片水平翻转	PIL.Image
随机竖直翻转	torchvision.transforms. Random VerticalFlip()	随机将图片竖直翻转	PIL.Image

图 5-39 展示了这些操作的结果,从结果可以发现,图片预处理操作虽然改变了图片像素的大小或者位置,但是并未改变其语义信息:原图上狗、自行车、小汽车在变换后的图片上依然清晰可见。

(1)图片缩放　　　　　(2)图片填充　　　　　(3)中心裁剪

(4)图片抖动　　　　　(5)灰度化　　　　　(6)随机仿射

(7)水平翻转　　　　　(7)竖直翻转　　　　　(7)随机擦除

图 5-39 PyTorch 图片处理结果

　　PyTorch 还封装了 torch.Tensor 和 PIL.Image 相互转换的接口：torchvision.trans-forms.ToTens() 和 torchvision.transforms.ToPILImage()，方便图片转换后导入深度学习模型中。

　　使用这些 PyTorch 接口也比较方便，以 torchvision.transforms.CenterCrop() 为例，代码 CORE0510 下所示。

代码 CORE0510

```python
# 导入相应的库
import PIL
import torchvision

# 指定图片并导入
im=PIL.Image.open('./dog.jpg')
# 打印原始图片大小
print("原始图片大小:")
print("\t", im.size)




# 初始化一个保留尺度为 512×512 的中心裁剪函数
centercrop=torchvision.transforms.CenterCrop(size=[512,512])
# 裁剪图片
croped_im=centercrop(im)
print("被裁剪后图片大小:")
print("\t", croped_im.size)
```

　　图片预处理的结果如图 5-40 所示。最终，我们将 768×576 的图片裁剪为 512×512 的。

```
原始图片大小:
        (768, 576)
被裁剪后图片大小:
        (512, 512)
```

图 5-40　图片预处理的结果

　　在实际应用中，图片在预处理阶段需要经过多种操作。例如，我们希望一张图片要经过随机仿射、随机抖动、缩放后才能送入后续的模型。借助 PyTorch 的 torchvision.transforms.Compose() 接口可以任意地组合上述操作，代码 CORE0511 如下所示。

代码 CORE0511

```python
transform=torchvision.transforms.Compose([
        torchvision.transforms.RandomAffine(degrees=10, translate=(0.1, 0.1), scale=(0.8, 1.2)),
    torchvision.transforms.ColorJitter(0.5, 0.9),
```

```
        torchvision.transforms.Resize(size=(256, 256)),
        torchvision.transforms.ToTensor(),
        torchvision.transforms.Normalize(mean=0, std=1)
])

im_after=transform(im)
print("原始图片大小:")
print("\t", im.size)
print("被处理后的图片大小:")
print("\t", im_after.shape)
```

torchvision.transforms.Compose 的调用结果如图 5-41 所示, 最终我们将一张 768×576 的图片进行随机仿射、颜色抖动、缩放、归一化为一个 3×256×256 的张量。

```
原始图片大小:
        (768, 576)
被处理后的图片大小:
        torch.Size([3, 256, 256])
```

图 5-41　torchvision.transforms.Compose 的调用结果

2）多线程载入

深度学习模型的训练（推理）速度主要受两方面影响：①模型迭代的速度，指模型前向（后向）传播的速度，受模型本身的参数、计算量和机器的 CPU（GPU）性能的影响；②数据的载入速度，指将数据从本地载入到内存（显存）中的速度，可能受机器的性能、带宽、载入算法的影响。本部分将介绍一种加快数据载入速度的方法——多线程载入数据。

在模型训练的过程中，数据会先从本地载入至内存，然后从内存复制至 GPU 当中进行计算，如图 5-42 所示。这个过程是串行的，很可能 GPU 已经计算完成，还需消耗大量时间。

图 5-42　模型训练时的数据流转

多线程载入数据就是使用多个 CPU 线程来加载数据，相比于单个线程所需时间大幅减少，进而减少模型训练过程中所需的时间。图 5-43 展示了多线程载入数据的过程

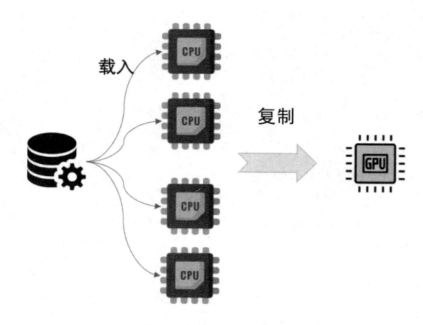

图 5-43　多线程载入数据

在 PyTorch 中也封装了多线程的接口 torch.data.DataLoader()，常用参数如表 5-9 所示。

表 5-9　torch.utils.data.DataLoader() 的常用参数

参数名称	默认值	说明
dataset	无	使用多线程操作的数据集，默认为 torch.utils.data.Dataset 类型
batch_size	1	每个批次加载多少个样本
shuffle	False	是否打乱数据集
num_workers	1	用于加载数据集的进程个数

其中最主要的参数为 dataset，它是一个数据集，类型为 torch.utils.data.Dataset。因此我们在使用 torch.utils.data.DataLoader() 接口前，需要让自己的数据集类继承 torch.utils.data.Dataset，同时重载 __len__ 和 __getitem__ 方法。其中 __len__ 方法用于输出数据集的大小，__getitem__ 方法用于输出样例。下面从一个样例出发，介绍 torch.utils.data.Dataset 数据集的构造过程（注意，本部分的下划线均为双下画线）。

假设我们有 1 000 张图片构成的数据准备载入，希望在载入前对每张图片进行随机仿射、随机抖动以及缩放，那么构造数据集的步骤如下，代码 CORE0512 如下所示。

第一步：导入相关的库。

代码 CORE0512

导入相应的库

```
import torch
from torch.utils.data import Dataset, DataLoader
from torchvision import transforms as t
from PIL import Image
```

第二步：定义一个数据集类，继承 torch.util.data.Dataset 并设置类的内建属性。

代码 CORE0512

```
class ImageSet(Dataset):
    def __init__(self, img_paths):
        self.img_paths=img_paths
        self.n=len(img_paths) # 获取数据集的大小
        # 数据预处理函数
        self.transform=t.Compose([
            t.RandomAffine(degrees=10, translate=(0.1, 0.1), scale=(0.8, 1.2)),
            t.ColorJitter(0.5, 0.9),
            t.Resize(size=(256, 256)),
            t.ToTensor(),
            t.Normalize(mean=0, std=1)
        ])
```

第三步：重写 __len__ 方法，让其返回的值为数据级大小。

代码 CORE0512

```
    def __len__(self):
        # 返回数据集的大小
        return self.n
```

第四步：重写 __getitem__ 方法，使得返回预处理后的图片，此时图片应为 Tensor。

代码 CORE0512

```
    def __getitem__(self, index):
        # 读取第 index 张图片为 PIL.Image 格式
        img=Image.open(self.img_paths[index])
        # 将图片数据转换并输出
        return self.transform(img))
```

第五步：通过示例验证数据集。先声明一个数据集对象，然后通过索引调用数据集。

代码 CORE0512

```
img_paths=['./dog.jpg'] * 1000
dataset=ImageSet(img_paths)
# 打印 11 张图片经过处理后的样例
```

```
print("第 11 张预处理后图片大小")
print("\t", dataset[10].shape)
print("第 11 张预处理后的图片")
print(dataset[10])
```

PyTorch 数据集的使用结果为如图 5-44 所示,经过索引访问数据集的 11 张图片数据时,实际输出的是一个大小为 $3\times256\times256$ 的 Tensor。

```
第11张预处理后图片大小
        torch.Size([3, 256, 256])
第11张预处理后的图片
tensor([[[0.0000, 0.0000, 0.0000,  ..., 0.4118, 0.2000, 0.2588],
         [0.0000, 0.0000, 0.0000,  ..., 0.3725, 0.2275, 0.3333],
         [0.0000, 0.0000, 0.0000,  ..., 0.3529, 0.3059, 0.3608],
         ...,
         [0.8118, 0.8118, 0.8118,  ..., 0.7490, 0.7451, 0.7333],
         [0.8118, 0.8157, 0.8078,  ..., 0.7529, 0.7373, 0.7216],
         [0.8039, 0.8039, 0.7961,  ..., 0.7529, 0.7451, 0.7373]],

        [[0.0000, 0.0000, 0.0000,  ..., 0.5255, 0.4039, 0.4863],
         [0.0000, 0.0000, 0.0000,  ..., 0.5216, 0.3804, 0.4863],
         [0.0000, 0.0000, 0.0000,  ..., 0.5451, 0.4627, 0.4980],
         ...,
         [0.8784, 0.8784, 0.8784,  ..., 0.7529, 0.7529, 0.7412],
         [0.8745, 0.8784, 0.8627,  ..., 0.7569, 0.7412, 0.7255],
         [0.8706, 0.8627, 0.8471,  ..., 0.7608, 0.7529, 0.7412]],

        [[0.0000, 0.0000, 0.0000,  ..., 0.2275, 0.0824, 0.0902],
         [0.0000, 0.0000, 0.0000,  ..., 0.1882, 0.0627, 0.1020],
         [0.0000, 0.0000, 0.0000,  ..., 0.2078, 0.1255, 0.1294],
         ...,
         [0.9686, 0.9647, 0.9569,  ..., 0.7216, 0.7216, 0.7059],
         [0.9647, 0.9647, 0.9451,  ..., 0.7255, 0.7098, 0.6902],
         [0.9608, 0.9529, 0.9333,  ..., 0.7255, 0.7255, 0.7059]]])
```

图 5-44 PyTorch 数据集的使用结果

有了符合格式的数据集后,可以直接调用 torch.utils.data.DataLoader() 创建多线程载入器,代码 CORE0513 如下所示。

代码 CORE0513

```
# 定义一个批次样本量为 64,线程数为 8 的多线程载入器
loader=DataLoader(dataset=dataset, batch_size=64, num_workers=4)
# 使用迭代的方式使用载入器
for i, x in enumerate(loader):
    print("第 {} 批数据集大小".format(i), x.shape)
```

多线程数据的处理结果如图 5-45 所示,可以发现除了第 15 批数据,其余的数据都以 64 为批次大小输出,且每批数据均为图片预处理后的 Tensor,最终所有批次数据量相加为数据集大小 1 000。

```
第0批数据集大小 torch.Size([64, 3, 256, 256])
第1批数据集大小 torch.Size([64, 3, 256, 256])
第2批数据集大小 torch.Size([64, 3, 256, 256])
第3批数据集大小 torch.Size([64, 3, 256, 256])
第4批数据集大小 torch.Size([64, 3, 256, 256])
第5批数据集大小 torch.Size([64, 3, 256, 256])
第6批数据集大小 torch.Size([64, 3, 256, 256])
第7批数据集大小 torch.Size([64, 3, 256, 256])
第8批数据集大小 torch.Size([64, 3, 256, 256])
第9批数据集大小 torch.Size([64, 3, 256, 256])
第10批数据集大小 torch.Size([64, 3, 256, 256])
第11批数据集大小 torch.Size([64, 3, 256, 256])
第12批数据集大小 torch.Size([64, 3, 256, 256])
第13批数据集大小 torch.Size([64, 3, 256, 256])
第14批数据集大小 torch.Size([64, 3, 256, 256])
第15批数据集大小 torch.Size([40, 3, 256, 256])
```

图 5-45　多线程数据的处理结果

同时，得益于 PyTorch 对多线程的优雅实现，运行 top 命令可以发现程序的 CPU 利用率为 400%，证明该程序使用了 4 个线程，并且每个线程都得到了合理的利用。

2. 网络模块

在深度学习这一部分，我们学习了很多的网络层，如全连接层、卷积层、池化层，它们被封装在 torch.nn 下。

在深度学习的实验中，我们通过简单地堆叠这些网络层实现了卷积神经网络 LeNet，这种堆叠方式存在一些问题：不利于更新梯度；不利于训练和测试切换；不利于更改网络结构；不利于模型的保存和加载。

torch.nn 是专门为神经网络设计的模块化接口，torch.nn.Module 是 torch.nn 中十分重要的类，它是所有神经网络模块的基类。通过继承 torch.nn.Module 类构建网络层和神经网络模型，能完美地解决上述问题。

接下来我们通过代码 CORE0514 重新构建 AlexNet 网络，AlexNet 网络结构可参考图 5-19，构建步骤如下。

第一步：导入相应的库。

代码 CORE0514

```
# 导入相应的库
import torch
import torch.nn as nn
```

第二步：定义一个继承 torch.nn.Module 的神经网络类并设置类的属性，类的属性主要包含结构图中定义网络层的声明。

代码 CORE0514

```
# 定义 AlexNet 网络结构并设置属性
class AlexNet(nn.Module):
  def __init__(self):
    super(AlexNet, self).__init__()
    self.C1=nn.Conv2d(3, 64, kernel_size=(11, 11), stride=(4, 4), padding=(2, 2))
    self.R2=nn.ReLU() # 激活函数
```

```
self.P3=nn.MaxPool2d(kernel_size=3, stride=2)
self.C4=nn.Conv2d(64, 192, kernel_size=(5, 5), stride=(1, 1), padding=(2, 2))
self.R5=nn.ReLU()# 激活函数
self.P6=nn.MaxPool2d(kernel_size=3, stride=2)
self.C7=nn.Conv2d(192, 384, kernel_size=(3, 3), stride=(1, 1), padding=(1, 1))
self.R8=nn.ReLU()# 激活函数
self.C9=nn.Conv2d(384, 256, kernel_size=(3, 3), stride=(1, 1), padding=(1, 1))
self.R10=nn.ReLU()# 激活函数
self.C11=nn.Conv2d(256, 256, kernel_size=(3, 3), stride=(1, 1), padding=(1, 1))
self.R12=nn.ReLU()# 激活函数
self.P13=nn.MaxPool2d(kernel_size=3, stride=2)
self.F14=nn.Flatten(1, -1)
self.D15=nn.Dropout(p=0.5)#DropOut 机制
self.F16=nn.Linear(in_features=9216, out_features=4096, bias=True)
self.R17=nn.ReLU()# 激活函数
self.D18=nn.Dropout(p=0.5) #DropOut 机制
self.F19=nn.Linear(in_features=4096, out_features=4096, bias=True)
self.R20=nn.ReLU()# 激活函数
self.F21=nn.Linear(in_features=4096, out_features=10, bias=True)
```

第三步：重载 forward() 方法，定制神经网络前向传播过程。

代码 CORE0514

```
def forward(self, x):
    x=self.R2(self.C1(x))
    x=self.P3(x)
    x=self.R5(self.C4(x))
    x=self.P6(x)
    x=self.R8(self.C7(x))
    x=self.R10(self.C9(x))
    x=self.R12(self.C11(x))
    x=self.F14(self.P13(x))
    x=self.D15(x)
    x=self.R17(self.F16(x))
    x=self.D18(x)
    x=self.R20(self.F19(x))
    x=self.F21(x)
    return x
```

第四步：通过创建 AlexNet 对象，查看 torch.nn.Module 自带的属性。

代码 CORE0514

```
alexnet=AlexNet()
print(alexnet)
```

AlexNet 的网络层打印结果如图 5-46 所示，可以发现 AlexNet 的输出结果与图 5-19 的网络结构图完全匹配。

```
AlexNet(
  (C1): Conv2d(3, 64, kernel_size=(11, 11), stride=(4, 4), padding=(2, 2))
  (R2): ReLU()
  (P3): MaxPool2d(kernel_size=3, stride=2, padding=0, dilation=1, ceil_mode=False)
  (C4): Conv2d(64, 192, kernel_size=(5, 5), stride=(1, 1), padding=(2, 2))
  (R5): ReLU()
  (P6): MaxPool2d(kernel_size=3, stride=2, padding=0, dilation=1, ceil_mode=False)
  (C7): Conv2d(192, 384, kernel_size=(3, 3), stride=(1, 1), padding=(1, 1))
  (R8): ReLU()
  (C9): Conv2d(384, 256, kernel_size=(3, 3), stride=(1, 1), padding=(1, 1))
  (R10): ReLU()
  (C11): Conv2d(256, 256, kernel_size=(3, 3), stride=(1, 1), padding=(1, 1))
  (R12): ReLU()
  (P13): MaxPool2d(kernel_size=3, stride=2, padding=0, dilation=1, ceil_mode=False)
  (F14): Flatten(start_dim=1, end_dim=-1)
  (D15): Dropout(p=0.5, inplace=False)
  (F16): Linear(in_features=9216, out_features=4096, bias=True)
  (R17): ReLU()
  (D18): Dropout(p=0.5, inplace=False)
  (F19): Linear(in_features=4096, out_features=4096, bias=True)
  (R20): ReLU()
  (F21): Linear(in_features=4096, out_features=10, bias=True)
)
```

图 5-46 AlexNet 的网络层打印结果

除此之外，继承 torch.nn.Module 的 AlexNet 还具备以下功能。

● 查看 alexnet 的参数，命令如下所示。

```
print(alexnet.parameters())
```

输出为一个包含所有层参数的迭代器，AlexNet 的参数打印结果如图 5-47 所示。

```
<generator object Module.parameters at 0x7f181f85c2b0>
```

图 5-47 AlexNet 的参数打印结果

● 查看 alexnet 的训练状态并切换状态，命令如下所示。

```
print("转换前的训练状态:")
print('\t', alexnet.training)
# 从训练状态转为推理状态
alexnet.eval()
print("转换后的训练状态")
print("\t", alexnet.training)
```

AlexNet 的转换状态结果如图 5-48 所示。

```
转换前的训练状态:
        False
转换后的训练状态
        False
```

图 5-48 AlexNet 的转换状态结果

● 模型保存和加载,命令如下所示。

```
# 模型保存
torch.save(alexnet.state_dict(), './test.pth')
# 模型加载
alexnet.load_state_dict(torch.load('./test.pth'))
```

● 设备切换,命令如下所示。

```
# 切换至 CPU
alexnet.cpu()
# 切换至 GPU
alexnet.cuda()
```

同时,为了使得代码更加整洁,可以使用 torch.nn.Sequential() 管理网络层,例如将 AlexNet 的 C1~F14 合并为特征提取层 (features),将 D15~F21 合并为分类层 (classifier),代码 CORE0515 如下所示。

```
代码 CORE0515

# 导入相应的库
import torch
from torch import nn

# 导入相应的库
import torch
import torch.nn as nn

# 定义 AlexNet 网络结构并设置属性
class AlexNet(nn.Module):
    def __init__(self):
        super(AlexNet, self).__init__()
        self.features=nn.Sequential(
            nn.Conv2d(3, 64, kernel_size=(11, 11), stride=(4, 4), padding=(2, 2)),
            nn.ReLU(), # 激活函数
            nn.MaxPool2d(kernel_size=3, stride=2),
            nn.Conv2d(64, 192, kernel_size=(5, 5), stride=(1, 1), padding=(2, 2)),
            nn.ReLU(), # 激活函数
            nn.MaxPool2d(kernel_size=3, stride=2),
            nn.Conv2d(192, 384, kernel_size=(3, 3), stride=(1, 1), padding=(1, 1)),
            nn.ReLU(), # 激活函数
            nn.Conv2d(384, 256, kernel_size=(3, 3), stride=(1, 1), padding=(1, 1)),
            nn.ReLU(), # 激活函数
```

```
        nn.Conv2d(256, 256, kernel_size=(3, 3), stride=(1, 1), padding=(1, 1)),
        nn.ReLU(), # 激活函数
        nn.MaxPool2d(kernel_size=3, stride=2),
        nn.Flatten(1, -1)
    )
    self.classifiers=nn.Sequential(
        nn.Dropout(p=0.5), #DropOut 机制
        nn.Linear(in_features=9216, out_features=4096, bias=True),
        nn.ReLU(), # 激活函数
        nn.Dropout(p=0.5), #DropOut 机制
        nn.Linear(in_features=4096, out_features=4096, bias=True),
        nn.ReLU(),# 激活函数
        nn.Linear(in_features=4096, out_features=10, bias=True)
    )


# 定义前向传播
    def forward(self, x):
        x=self.features(x)
        x=self.classifier(x)
        return x
# 创建 alexnet 对象并打印
alexnet=AlexNet()
print(alexnet)
```

AlexNet 的打印结果如图 5-49 所示，可见前面几层已被封装成 features 层，最后一层全连接层被封装成 classifier 层。

```
AlexNet(
  (features): Sequential(
    (0): Conv2d(3, 64, kernel_size=(11, 11), stride=(4, 4), padding=(2, 2))
    (1): ReLU()
    (2): MaxPool2d(kernel_size=3, stride=2, padding=0, dilation=1, ceil_mode=False)
    (3): Conv2d(64, 192, kernel_size=(5, 5), stride=(1, 1), padding=(2, 2))
    (4): ReLU()
    (5): MaxPool2d(kernel_size=3, stride=2, padding=0, dilation=1, ceil_mode=False)
    (6): Conv2d(192, 384, kernel_size=(3, 3), stride=(1, 1), padding=(1, 1))
    (7): ReLU()
    (8): Conv2d(384, 256, kernel_size=(3, 3), stride=(1, 1), padding=(1, 1))
    (9): ReLU()
    (10): Conv2d(256, 256, kernel_size=(3, 3), stride=(1, 1), padding=(1, 1))
    (11): ReLU()
    (12): MaxPool2d(kernel_size=3, stride=2, padding=0, dilation=1, ceil_mode=False)
    (13): Flatten(start_dim=1, end_dim=-1)
  )
  (classifiers): Sequential(
    (0): Dropout(p=0.5, inplace=False)
    (1): Linear(in_features=9216, out_features=4096, bias=True)
    (2): ReLU()
    (3): Dropout(p=0.5, inplace=False)
    (4): Linear(in_features=4096, out_features=4096, bias=True)
    (5): ReLU()
    (6): Linear(in_features=4096, out_features=10, bias=True)
  )
)
```

图 5-49　AlexNet 的打印结果

3. 预定义模型和数据

1）预定义模型

torchvision.models 中封装了许多常用的模型，如 alexnet、vgg 系列、resnet 系列、densenet 系列，我们并不需要清楚这些网络的结构就能直接调用，极大地减少了我们开发和部署任务的时间。

这些封装模型的接口被设计得高度统一，因而从一个例子开始便能熟悉全部的接口调用过程。以 torchvision.models.alexnet() 为例，它的参数如表 5-10 所示。

表 5-10　torchvision.models.alexnet() 接口参数

参数	默认值	说明
pretrained	False	是否下载在 ImageNet 数据集上训练过的参数文件
progress	True	是否为下载过程添加进度条

如果我们需要创建一个上文所说的 alexnet 网络，调用 torchvision.models. alexnet()，代码 CORE0516 如下所示。

代码 CORE0516

```
# 导入相应的库
import torchvision.models as models

# 直接调用 alexnet 接口
alexnet=models.alexnet()
print(alexnet)
```

alexnet 网络的打印结果如图 5-50 所示，为一个 torch.nn.Modules 类，包含 17 个卷积层和 1 个全连接层。

```
AlexNet(
  (features): Sequential(
    (0): Conv2d(3, 64, kernel_size=(11, 11), stride=(4, 4), padding=(2, 2))
    (1): ReLU(inplace=True)
    (2): MaxPool2d(kernel_size=3, stride=2, padding=0, dilation=1, ceil_mode=False)
    (3): Conv2d(64, 192, kernel_size=(5, 5), stride=(1, 1), padding=(2, 2))
    (4): ReLU(inplace=True)
    (5): MaxPool2d(kernel_size=3, stride=2, padding=0, dilation=1, ceil_mode=False)
    (6): Conv2d(192, 384, kernel_size=(3, 3), stride=(1, 1), padding=(1, 1))
    (7): ReLU(inplace=True)
    (8): Conv2d(384, 256, kernel_size=(3, 3), stride=(1, 1), padding=(1, 1))
    (9): ReLU(inplace=True)
    (10): Conv2d(256, 256, kernel_size=(3, 3), stride=(1, 1), padding=(1, 1))
    (11): ReLU(inplace=True)
    (12): MaxPool2d(kernel_size=3, stride=2, padding=0, dilation=1, ceil_mode=False)
  )
  (avgpool): AdaptiveAvgPool2d(output_size=(6, 6))
  (classifier): Sequential(
    (0): Dropout(p=0.5, inplace=False)
    (1): Linear(in_features=9216, out_features=4096, bias=True)
    (2): ReLU(inplace=True)
    (3): Dropout(p=0.5, inplace=False)
    (4): Linear(in_features=4096, out_features=4096, bias=True)
    (5): ReLU(inplace=True)
    (6): Linear(in_features=4096, out_features=1000, bias=True)
  )
)
```

图 5-50　alexnet 网络的打印结果

2）预定义数据集

PyTorch 将一些常用的数据集封装在 torchvision.datasets 中，包括 COCO、VOC、MNIST、CIFAR 等数据集。同预定义模型一样，这些接口被封装得高度统一，以 MNIST 数据集为例，查看其接口参数。torchvision.datasets.MNIST() 的常用参数如表 5-11 所示。

表 5-11　torchvision.datasets.MNIST() 的常用参数

参数	默认值	说明
root	无	MNIST 数据集下载（保存）路径
train	True	是否载入训练集。True，载入训练集；False，载入测试集
download	True	是否下载数据集。True，下载数据集并将其放入 root 文件夹中。如果数据集已经下载，则不会再次下载
transform	False	给输入图像施加变换。例如 torchvision.transforms.RandomCrop()
target_transform	False	给目标值（类别标签）施加的变换

调用示例运行代码 CORE0517 如下所示。

```
import torchvision.datasets as datasets

mnist=torchvision.datasets.MNIST(root='./data', download=True)
print(mnist)
```

最终返回一个 torch.utils.data.Dataset 类型的数据集，包含 60 000 个数据点，根目录为 ./data 文件，MNIST 的打印信息结果如图 5-51 所示。

```
Dataset MNIST
    Number of datapoints: 60000
    Root location: ./data
    Split: Train
```

图 5-51　MNIST 的打印信息结果

任务实施

通过上面的学习，掌握了卷积神经网络和循环神经网络的基础知识以及它们的 PyTorch 接口，学会使用 PyTorch 加载预定义数据集以及构建模型提取图片特征的技能。通过以下步骤，完成 LeNet5 的构建，并对 MNIST 数据集进行分类。

第一步：导入相关的库，代码 CORE0518 如下所示。

代码 CORE0518
import torch

```
from torch import nn
import torchvision
from torchvision import datasets, transforms
```

第二步：加载 MNIST 数据集。

编程入门有"Hello World"，机器学习入门也有 MNIST。MNIST 数据集（Modified National Institute of Standards and Technology dataset）是由 Yann LeCun 提供的大型手写字体识别数据集，它是用于研究机器学习、模式识别等任务的高质量数据库，被称为"机器学习界的果蝇"。图 5-52 展示了 MNIST 数据集的部分样例。

图 5-52　MNIST 数据集样本

MNIST 数据集包含 60 000 张训练图像和 10 000 张测试图片，通过 torchvision.datasets.MNIST() 接口便可载入数据，为了将数据送入后面的模型，我们仍需要使用变换将数据转换为 Tensor，并且缩放至 28×28（LeNet5 网络输入大小）。代码 CORE0519 如下所示。

代码 CORE0519
```
# 创建数据预处理
transform=transforms.Compose([
    transforms.ToTensor(), # PIL.Image 转换为 Tensor
    transforms.Resize(size=(28, 28)) # 对 Tensor 进行缩放操作
])

# 训练集的 Dataset
train_data=datasets.MNIST(root='./data', train=True, transform=transform)
# 验证集的 Dataset
val_data=datasets.MNIST(root='./data', train=False, transform=transform)

# 查看数据集
print(train_data)
print(val_data)
```

数据集载入输出结果如图 5-53 所示。

```
Dataset MNIST
    Number of datapoints: 60000
    Root location: ./data
    Split: Train
    StandardTransform
Transform: Compose(
            ToTensor()
            Resize(size=(28, 28), interpolation=PIL.Image.BILINEAR)
        )
Dataset MNIST
    Number of datapoints: 10000
    Root location: ./data
    Split: Test
    StandardTransform
Transform: Compose(
            ToTensor()
            Resize(size=(28, 28), interpolation=PIL.Image.BILINEAR)
        )
```

图 5-53 数据集载入输出结果

数据集创建完成后可以使用 PyTorch 的多线程加载数据,代码 CORE0520 如下所示。

代码 CORE0520

```
# 使用 8 线程载入训练数据
train_loader=torch.utils.data.DataLoader(dataset=train_data,
                    batch_size=32,
                    num_workers=8,
                    shuffle=True)
# 使用 4 线程载入验证数据
val_loader=torch.utils.data.DataLoader(dataset=val_data,
                    batch_size=32,
                    num_workers=4,
                    shuffle=False)
```

第三步:创建 LeNet5 模型。

LeNet5 网络创建过程与 AlexNet 一样,在深度学习的任务实施过程中,我们介绍了完整的 AlexNet 网络创建过程,读者可以回顾这些内容,此处仅给出代码,代码 CORE0521 如下所示。

代码 CORE0521

```
# 创建 LeNet5 模型类,继承于 nn.Module
class LeNet5(nn.Module):
    def __init__(self):
        super(LeNet5, self).__init__()
        self.feature=nn.Sequential(
            nn.Conv2d(1, 6, 5, padding=2), # C1 卷积层
            nn.ReLU(),
            nn.MaxPool2d((2, 2)), # P2 池化层
            nn.Conv2d(6, 16, 5), # C3 卷积层
```

```
        nn.ReLU(),
        nn.MaxPool2d((2, 2)), # P4 池化层
        nn.Flatten(1, -1), # 拉直操作
        nn.Linear(16*5*5, 120), # F5 全连接层
        nn.ReLU(),
        nn.Linear(120, 84), # F6 全连接层
        nn.ReLU()
    )
    self.output=nn.Linear(84, 10) # OUTPUT 输出层

    # 定义前向传播
    def forward(self, x):
        x=self.feature(x)
        x=self.output(x)
        return x

# 创建一个 LeNet5 对象
lenet=LeNet5()
# 打印网络
print(lenet)
```

LeNet5 的网络结构如图 5-54 所示。

```
LeNet5(
  (feature): Sequential(
    (0): Conv2d(1, 6, kernel_size=(5, 5), stride=(1, 1), padding=(2, 2))
    (1): ReLU()
    (2): MaxPool2d(kernel_size=(2, 2), stride=(2, 2), padding=0, dilation=1, ceil_mode=False)
    (3): Conv2d(6, 16, kernel_size=(5, 5), stride=(1, 1))
    (4): ReLU()
    (5): MaxPool2d(kernel_size=(2, 2), stride=(2, 2), padding=0, dilation=1, ceil_mode=False)
    (6): Flatten(start_dim=1, end_dim=-1)
    (7): Linear(in_features=400, out_features=120, bias=True)
    (8): ReLU()
    (9): Linear(in_features=120, out_features=84, bias=True)
    (10): ReLU()
  )
  (output): Linear(in_features=84, out_features=10, bias=True)
)
```

图 5-54　LeNet5 的网络结构

第四步：创建算法的训练和测试流程。

算法模型的训练就是通过利用损失函数来衡量模型是否收敛，如果未收敛，通过计算损失函数的梯度，沿着梯度下降的优化方式不断更新模型参数值，然后重新计算算法模型的预测值。周而复始，不断迭代，直至模型收敛。模型训练流程如图 5-55 所示。

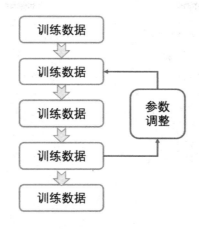

图 5-55　模型训练流程

本次任务为分类任务，我们选择交叉熵损失作为训练指标、Adam 作为优化器，在 MNIST 数据集上训练 LeNet-5 模型。

● 创建损失函数和优化器，代码 CORE0522 如下所示。

代码 CORE0522

```
# 将模型放置在 GPU 上
lenet=lenet.cuda()
# 交叉熵损失函数
criterion=torch.nn.CrossEntropyLoss()
# Adam 优化算法
optimizer=torch.optim.Adam(lenet.parameters(), lr=1e-3)
```

● 构造训练过程，代码 CORE0523 如下所示。

代码 CORE0523

```
# 设置打印格式
title="|{0:^6}|{1:^20}|"
print(title.format("epoch", "total loss"))

# 构造训练循环过程，总计训练 5 次数据集，训练图片数为 30 000 张
for epoch in range(5):
    # 设置一个局部变量，用于计算总体损失
    total_loss=0
for batch, (x, y) in enumerate(train_loader):
    # 将数据拷贝至 GPU 上
    x=x.cuda()
    y=y.cuda()
```

```
# 前向传播得到预测值
y_hat=lenet(x)
# 计算局部损失和总体损失
loss=criterion(y_hat, y)
total_loss+=loss.cpu().item()
# 反向传播更新参数
optimizer.zero_grad()
loss.backward()
optimizer.step()
# 每个循环打印一次总体损失
print(title.format(epoch+1, total_loss))
```

LeNet5 在 MNIST 上的训练结果如图 5-56 所示。

```
|epoch |      total loss      |
|   1   | 379.2150731550064   |
|   2   | 118.23432190791937  |
|   3   | 85.50222765681974   |
|   4   | 66.41554560528311   |
|   5   | 55.351435753331316  |
```

图 5-56　LeNet5 在 MNIST 上的训练结果

第五步：模型评估。

对学习器的泛化性能进行评估，不仅要有有效可信的实验方法，还要有衡量模型泛化能力的评价标准，这就是性能度量。性能度量反映了任务需求，在对比不同模型的能力时，使用不同的性能度量会导致不同的评判结果，所以模型的好坏是相对的，模型的好坏不取决于算法和数据，而是取决于任务需求。

（1）对于回归任务，常用的评估指标有平均绝对误差（Mean Absolute Error，MAE）、均方误差（Mean Square Error，MSE）。

（2）对于分类任务，常用的评估指标有准确率（Accuracy）、错误率（Error）、查准率（Precision）、召回率（Recall）、F1 值、ROC 和 AUC 值。

（3）对于一些目标检测任务，常用的评估指标为平均精度（Average Precision，AP）、MAP（Mean Average Precision）、F1 值。

本次手写字体识别任务实际为分类任务，因此我们以准确率为评价指标，评估 LeNet5 的性能。代码 CORE0524 如下所示。

代码 CORE0524

```
# 转换模型的模式为验证模式
lenet=lenet.eval()
# 初始化预测正确的样例数为 0
corr=0.0
# 构造验证循环过程
```

```
for x, y in val_loader:
    # 将数据拷贝至 GPU 中
    x=x.cuda()
    y=y.cuda()

    # 前向推理得到预测值
    y_hat=lenet(x).argmax(dim=1)
    # 计算总计预测正确的样例数
    corr+=(y_hat==y).sum()
# 准确度 = 预测正确的样例数 / 总样例数
acc=corr.item() / 10000
print("经过 5 次迭代训练，在测试集上模型的准确度为:", acc)
```

模型测试结果如图 5-57 所示，最终的准确度为 98.82%。

经过5次迭代训练，在测试集上模型的准确度为：0.9882

图 5-57　模型测试结果

第六步：模型的保存和加载。

PyTorch 的模型保存和加载方式有两种。

（1）仅保存和加载模型参数，代码 CORE0525 如下所示。

代码 CORE0525
| ```
# 仅保存模型权重
torch.save(lenet.state_dict(), "./lenet-5.pth")

# 创建模型对象
lenet=LeNet5()
# 加载模型权重
lenet.load_state_dict(torch.load("./lenet-5.pth"))
``` |

（2）保存和加载整个模型，代码 CORE0526 如下所示。

代码 CORE0526
| ```
# 保存模型权重和网络设置
torch.save(lenet, "./lenet.pth")
# 载入模型权重和网络设置
lenet = torch.load("./lenet.pth")
``` |

本项目使读者对 PyTorch 的数据、模型的学习,对整个神经网络训练和推理过程等相关知识有了清晰的了解,掌握了整个过程中对应的 PyTorch 操作,并能够通过所学 PyTorch 技能搭建完整的训练和推理流程。

resize	缩放	jitter	抖动
grayscale	灰度的	affine	仿射的
erase	擦出	horizontal	水平的
vertical	垂直的	flip	反转
crop	裁剪	compose	组成
sequential	按次序的	pretrained	预训练的
numerical solution	数值解	stochastic	随机的
descent	下降	mini-batch	小批次
optimizer	优化器	convolution	卷积
cross-correlation	互相关	kernel Size	卷积核大小
stride	步幅	padding	填充

1. 选择题

(1)对于 torchvision.transforms 接口描述错误的是(　　　)。

A. 可以直接对 OpenCV 读取的图片进行处理

B. 可以指定剪裁大小

C. 可以转换为灰度图片

D. 可以进行仿射变换

(2)(　　　)是经常用于衡量目标检测算法的评估指标。

A. 平均绝对误差　　　　　　　　　B. 均方误差

C. ROC 值　　　　　　　　　　　　D. MAP 值

（3）假设输入数据大小为 200×200，经过一个卷积层，kernel size 5*5，padding 1，stride2，则输出的特征图大小为（　　　）。

A. 98×98　　　　　　　　　　　　　B. 99×99

C. 100×100　　　　　　　　　　　　D. 101×101

（4）在定义神经网络模型深度时，（　　　）是不需要考虑的因素。

A. 输入数据格式　　　　　　　　　　B. 计算能力（硬件 + 软件）

C. 网络类型（如 MLP、CNN）　　　　D. 权重初始化方式

（5）以下说法正确的是（　　　）。

A. 增加卷积核大小对改进卷积神经网络是必要的

B. 当数据量不足时，可以在预训练模型上继续训练

C. 增加神经网络层数，总是能减少测试数据误差

D. 当训练神经网络，参数被训练出 nan 值时，可以采用提高学习率的方法改善

2. 简答题

（1）简述使用 PyTorch 框架训练开源数据集的流程。

（2）思考使用 PyTorch 框架训练自定义数据集前，需要对数据集做什么工作。

项目六　GPU 计算

通过对 GPU 的学习,了解 GPU 计算的特点,了解不同 GPU 之间的区别,了解 GPU 性能如何考量,掌握 GPU 通信和多 GPU 并行计算的原理,了解 GPU 虚拟化技术。在任务实施过程中:

● 了解 GPU 加速及 GPU 性能度量的知识;
● 熟悉 CPU 与 GPU、GPU 与 GPU、多机器间 GPU 的通信拓扑;
● 掌握使用单 GPU、单机多 GPU 和多机多 GPU 加速训练神经网络的方法;
● 具有 GPU 理论基础和实战能力。

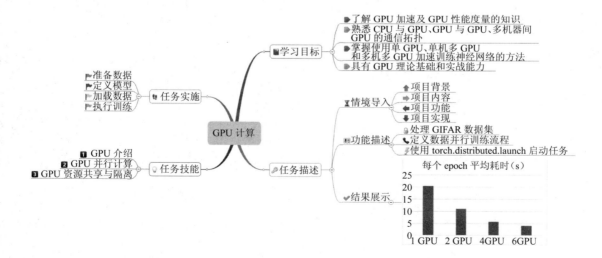

【情境导入】

CIFAR10 数据集是计算机视觉中常用的数据集,在同一个数据集上训练和预测可以用来比较不同算法的效果。本项目通过利用 resent50 算法训练 CIFAR10 数据的实验,说明单机单卡及多机多卡的完整训练流程,实现单机单卡和多机多卡的性能比较。

【功能描述】

● 处理 CIFAR 数据集。
● 定义数据并行训练流程。
● 使用 torch.distributed.launch 启动任务。

【结果展示】

通过对本项目的学习,完成多机多卡并行训练,并能比较 GPU 数量对训练速度的提升效果,如图 6-1 所示。

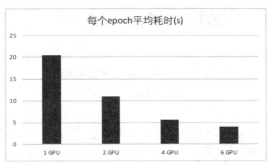

图 6-1　GPU 数量对训练速度的提升

技能点一　GPU 介绍

1. GPU 简介

GPU 全称为 Graphics Processing Unit,又称为显示核心、视觉处理器或显示芯片,是一种专门在个人电脑、工作站、游戏机和一些移动设备上做图像和图形相关运算工作的微处理器。在计算机领域,也会利用 GPU 来做一些复杂程度不大,但是计算量大、重复性高的运算。在人工智能领域,经常会用 GPU 来进行神经网络模型的模型训练和推理。

GPU 主要是用来处理图像的相关运算,因此 GPU 在设计上与 CPU 有很大的不同。两者架构如图 6-2(a)所示。图中的 Cache 和 DRAM 是缓存空间,Control 是控制空间,Core 是计算空间。与 CPU 相比,GPU 拥有大量的计算单元,线程数目远大于 CPU 的线程数目。

如图 6-2(b)所示,CPU 和 GPU 的区别可以用一头牛与千万只蚂蚁来做类比,同样是运送货物,当蚂蚁的数量足够多时,蚁群的效率会超过一头牛。蚁群可以对简单任务实行并行作业,而牛适合进行复杂作业,当有很多简单的重复性工作时,牛的工作效率并不高。

正如蚁群一样,GPU 更适合于大规模数据的并行计算,而机器学习、深度学习涉及大量的大型矩阵、张量的加法乘法等运算,特别适合利用 GPU 进行加速运行。

使用 CPU 训练机器学习是一种很常见的方式,但当其作用于深度学习时,CPU 往往力不从心,需要耗费很长的时间才能完成一个深度神经网络的训练。此时 GPU 登场,它与深度学习相互促进,并带动了人工智能的极大发展。

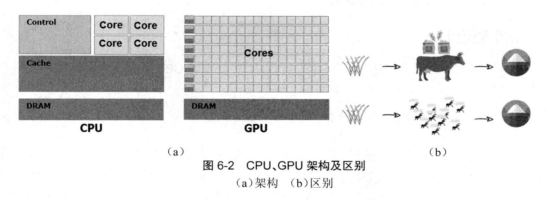

图 6-2　CPU、GPU 架构及区别
(a)架构　(b)区别

2. GPU 选型

目前市面上的 GPU 主要以英伟达公司(NVIDIA)、AMD 公司和英特尔(Intel)公司的产品为主。NVIOIA 公司和 AND 公司的 GPU 产品经常被简称为 N 卡和 A 卡。由于 N 卡市场占有率高且较成熟,在本书中将以 NVIDIA 公司的 GPU 为例进行讲解。

1)显卡与 GPU

一般来说显卡又分为集成显卡、核心显卡和独立显卡。集成显卡位于电脑主板上,基本已经被淘汰;核心显卡在 CPU 内部,与 CPU 共享内存,经常用于移动端或家用电脑的图像显示;独立显卡独立于 CPU,在主板的 PIC-E 插槽中,有自己的显存,性能更高。在深度学习领域的显卡通常指独立显卡。

GPU 与显卡的关系类似于 CPU 与电脑的关系,但现在 GPU 和显卡这两个概念经常混用。GPU 发展至今,已经脱离了完全的图像处理功能,也就是说,GPU 不仅可以用于图像处理,有一些 GPU 卡专门为计算而生,这类 GPU 无须提供显示接口,也就不是传统意义上的显卡;另一类 GPU 则专注于游戏、娱乐,为图像处理而设计,这类独立显卡可以接到电脑中用于显示,提升用户体验。

在深度学习领域,不只是用于计算的显卡可以做深度学习训练,出于性价比考虑很多游戏显卡也可以。

2）GPU 产品

NVIDIA 的 GPU 微架构自 2008 年以来，几乎一直保持 2 年一更新的速度，带来更多更新的运算单元和适配性，从 GeForce GTX480 的 30 亿个晶体管数量上升到 A100 的 540 亿个，其构造越来越复杂，价格也水涨船高。

到目前为止，NVIDIA 共有 8 类主要的 GPU 架构，其发展如图 6-3 所示。

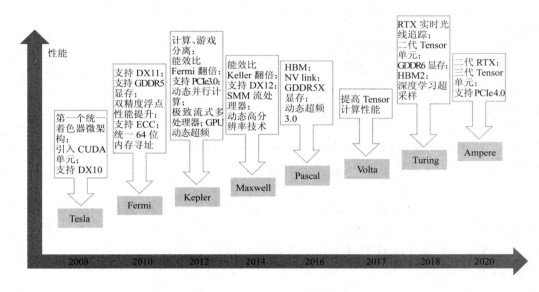

图 6-3　NVIDIA GPU 微架构发展

在 NVIDIA 的 GPU 微架构不断发展过程中，诞生了很多 GPU 产品，每个微架构的代表产品如表 6-1 所示。

表 6-1　NVIDIA GPU 微架构及产品举例

微架构名称	GeForce 代表系列	产品举例
Tesla	—	GeForce 9600，GeForce GT 335
Fermi	GTX4/5 系列	GeForce GTX 460，GeForce GTX 555
Kepler	GTX6 系列	GeForce GTX 690，Tesla K20/K40/K80
Maxwell	GTX9 系列，GTX750	GeForce GTX 750 Ti，GeForce GTX 960，Tesla M4，GTX Titan X
Pascal	GTX 10 系列	GeForce GTX 1080 T，Tesla P4/P40/P100，Titan X/Xp
Volta	—	GeForce GTX 1180，Tesla V100，Titan V
Turing	RTX 20 系列，GTX16 系列	GeForce RTX 2080 Ti，GeForce GTX 1660 Ti，Tesla T4，Titan RTX
Ampere	RTX 30 系列	GeForce RTX 3090，GeForce RTX 3060 Ti，Tesla A100

GPU 产品的名称，通常由显卡系列、显卡定位、数字、版本类型 4 个部分组成。

常见显卡系列有 GeForce、Tesla、Quadro 等,这些名称与 GPU 的微架构无关,而是 GPU 系列的名称,根据用途进行分类。

● GeForce 系列:游戏显卡,也是普通消费级显卡,Titan 是 GeForce 中的一个高端系列。

● Quadro 系列:专业级显卡,常用于工作站,主要用于专业可视化设计和创作。

● Tesla 系列:没有图像功能和视频接口,常用于服务器,更偏向于深度学习、人工智能和高性能计算。在命名时使用微架构首字母作为前缀,例如 P4、V100。

显卡的定位有:GTX 代表高端,GTS 代表中端,GT 代表低端,RTX 代表有光线追踪功能的新一代高端。

名称中间的数字也能看出一些信息,前两位表示第几代显卡,例如 1080 表示第 10 代,第三位表示显卡性能档次的定位,数字越高,表明在这一代中性能越强,最后一位数字一般都是 0。

版本类型后缀有:Ti 代表增强版,Super 代表小幅增强版,SE 代表削弱版,M 代表移动版,XT 代表简化版。

3)GPU 关键参数

知道了 GPU 产品类型,如何判断 GPU 的性能?一般来说,可以重点看 GPU 架构和系列、计算能力、显存大小和显存带宽 4 个部分的内容。

Ⅰ. GPU 架构和系列

GPU 架构是一个重要的考虑因素。在参数相同的情况下,架构越先进,效率就越高,性能也就越强。甚至有时高级架构低参数的 GPU 会比低级架构高参数的 GPU 性能强。

上面提到 NVIDIA 的 GPU 系列按照用途进行分类,一般来说,在不同场景下 GPU 的系列选择如表 6-2 所示。

表 6-2　NVIDIA GPU 系列在不同使用场景下的对比

领域	产品举例			对比
	系列	架构	产品	
高性能计算	Tesla	Volta	Tesla V100	Tesla 系列双精度高,计算性能更好,GeForce 系列稳定性低于 Tesla
		Pascal	Tesla P100	
		Kepler	Tesla K80	
	GeForce	Volta	GeForce Titan V	
深度学习	Tesla	Volta	Tesla V100	Tesla 系列可用于高级深度学习训练,GeForce 用于中低级深度学习训练,Quadro 可用于中低级深度学习训练(性价比低于 GeForce,稳定性高于 GeForce)
		Pascal	Tesla P100、P40	
		Kepler	Tesla K80	
	GeForce	Turing	RTX 2080 Ti	
		Volta	Titan V	
		Pascal	Titan XP、GTX 1080 Ti、GTX 1080…	
	Quadro	Turing	RTX 6000、5000	
		Volta	GV100	
		Pascal	GP100、P6000、P5000	

续表

领域	产品举例			对比
	系列	架构	产品	
图形渲染	Quadro	Turing	RTX 6000、5000	Quadro 对大多数 3D 处理软件有驱动优化
		Volta	GV100	
		Pascal	GP100、P6000、P5000	
虚拟化	Tesla	Maxwell	M10、M60	专为要求高密度虚拟桌面环境的图形加速和云环境下多租户的 GPU 加速计算
		Pascal	P60	
	Tegra	Kepler	K1、K2	

Ⅱ. 计算能力

GPU 与 CPU 的不同之一就是它有超高的浮点计算能力,这也是衡量 GPU 协处理器性能的最重要指标。在深度学习训练中通常更关心的是 32 位浮点(单精度)计算能力,由于近来混合精度计算越来越受欢迎,16 位浮点(半精度)计算能力越来越重要,当用于预测任务时也可以看 8 位整数计算能力。浮点计算能力衡量方式为每秒浮点运算次数(Flops),或每秒十亿(10^9)次浮点计算次数(GFlops),或每秒万亿(10^{12})次浮点计算次数(TFlops)。

几乎所有的 NVIDIA GPU 都支持双精度和单精度运算,但 GeForce 系列的双精度浮点数运算能为通常很低。从 Pascal 架构开始,NVIDIA GPU 才开始支持半精度浮点运算。例如使用 4 种 GPU 进行对比,分别是 GTX 1080Ti、RTX 2080 Ti、Titan V 和 V100,这 4 种 GPU 浮点运算能力如表 6-3 所示。

表 6-3　四种 GPU 的浮点计算能力对比

GPU	双精度浮点数	单精度浮点数	半精度浮点数
GTX 1080 Ti	0.355 TFlops	11.3 TFlops	0.177 TFlops
RTX 2080 Ti	0.44 TFlops	13.4 TFlops	28.5 TFlops
Titan V	6.875 TFlops	13.8 TFlops	27.5 TFlops
V100	7.8 TFlops	15.7 TFlops	31.4 TFlops

此外,NVIDIA 官方为 GPU 产品定义了用于衡量计算能力的指标,并说明当该计算能力高于 5.0 时可以用来运行神经网络,具体列表可以参考官方文档,如图 6-4 所示。

Ⅲ. 显存大小

如同计算机的内存一样,显存是在 GPU 中用来存储图形数据或计算数据的硬件。模型越大或训练批量越大,需要的显存越多。4 种 GPU 的显存如表 6-4 所示。

GeForce 和 TITAN 产品

GPU	计算能力
GeForce RTX 3090	8.6
GeForce RTX 3080	8.6
GeForce RTX 3070	8.6
NVIDIA TITAN RTX	7.5
GeForce RTX 2080 Ti	7.5
GeForce RTX 2080	7.5
GeForce RTX 2070	7.5
GeForce RTX 2060	7.5
NVIDIA TITAN V	7.0
NVIDIA TITAN Xp	6.1
NVIDIA TITAN X	6.1
GeForce GTX 1080 Ti	6.1
GeForce GTX 1080	6.1

Tesla 工作站产品

GPU	计算能力
Tesla K80	3.7
Tesla K40	3.5
Tesla K20	3.5
Tesla C2075	2.0
Tesla C2050 或 C2070	2.0

NVIDIA 数据中心产品

GPU	计算能力
NVIDIA A100	8.0
NVIDIA T4	7.5
NVIDIA V100	7.0
Tesla P100	6.0
Tesla P40	6.1
Tesla P4	6.1
Tesla M60	5.2
Tesla M40	5.2
Tesla K80	3.7
Tesla K40	3.5
Tesla K20	3.5
Tesla K10	3.0

图 6-4　官网对于不同 GPU 计算能力评分的截图

表 6-4　4 种 GPU 的显存大小对比

GPU	显存
GTX 1080 Ti	11 GB
RTX 2080 Ti	11 GB
Titan V	12 GB
V100	16/32 GB

Ⅳ. 显存带宽

显存带宽是指 GPU 与显存之间的数据传输速率，当显存带宽足够时，才能发挥计算能力。4 种 GPU 的显存带宽如表 6-5 所示。

表 6-5 4 种 GPU 的显存带宽对比

GPU	显存带宽
GTX 1080 Ti	484 GB/s
RTX 2080 Ti	616 GB/s
Titan V	653 GB/s
V100	900 GB/s

一般来说,选择 GPU 时,如果资金充足,价格越贵性能越好。Tesla 是专为计算设计的,计算性能高,但需要有一定的购买力,该系列 GPU 价格昂贵,通常过万。

GeForce 系列是 Tesla 系列的平价替代产品,尽管它为游戏设计,但单精度计算能力可以与 Tesla 系列媲美,而价格仅为 Tesla 系列的 1/5 左右。市场上 GeForce 的产品五花八门,厂商多种多样,通常这类产品计算核心由 NVIDIA 公司生产,最终组装由各代理厂商完成,在选择时需要多留意。

另外,由于 GeForce 系列产品的高性价比,很多厂商在执行训练任务时会选择使用 GeForce GPU。但由于 Tesla 系列产品的高稳定性,当在生产环境执行预测任务时,厂商们会更多地使用 Tesla GPU。选择 GPU 时需要从性能、能耗、用途、价格等多方面进行考量。

3. GPU 使用

在深度学习部分,我们学习了如何使用 PyTorch 训练神经网络,本部分就继续前面的实验并实现使用 PyTorch 在 GPU 上训练神经网络。

首先,要确保安装 GPU 驱动,使用 nvidia-smi 即可看到 GPU 信息,效果如图 6-5 所示,该节点有两个 GeForce GTX 1080 Ti 的 GPU 卡。

```
Thu Apr  8 15:15:31 2021
+-----------------------------------------------------------------------------+
| NVIDIA-SMI 418.87.00    Driver Version: 418.87.00    CUDA Version: 10.1      |
|-------------------------------+----------------------+----------------------+
| GPU  Name        Persistence-M| Bus-Id        Disp.A | Volatile Uncorr. ECC |
| Fan  Temp  Perf  Pwr:Usage/Cap|         Memory-Usage | GPU-Util  Compute M. |
|===============================+======================+======================|
|   0  GeForce GTX 108...  Off  | 00000000:03:00.0 Off |                  N/A |
| 0%   27C    P8    17W / 250W  |     10MiB / 11178MiB |      0%      Default |
+-------------------------------+----------------------+----------------------+
|   1  GeForce GTX 108...  Off  | 00000000:84:00.0 Off |                  N/A |
| 0%   29C    P8    12W / 250W  |     10MiB / 11178MiB |      0%      Default |
+-------------------------------+----------------------+----------------------+

+-----------------------------------------------------------------------------+
| Processes:                                                       GPU Memory |
|  GPU       PID   Type   Process name                             Usage      |
|=============================================================================|
|  No running processes found                                                 |
+-----------------------------------------------------------------------------+
```

图 6-5 GPU 信息

其次,确保安装的 PyTorch 是 GPU 版本。如果安装了 CPU 版本的 PyTorch,那么即使使用 nvidia-smi 命令可以看到 GPU 信息也无法使用。可以在 PyThon 命令行中,使用 PyTorch 的接口查看可用的 GPU,可用接口如表 6-6 所示。

表 6-6　torch.cuda 的可用接口

属性或函数	描述
torch.cuda.is_available()	判断是否有可用 GPU，如果显示 False，说明 PyTorch 可能是 CPU 版本，此时不能使用
torch.cuda.device_count()	查看 GPU 数量
torch.cuda.get_device_name(0)	返回 GPU 型号，参数为设备索引号，设备索引默认为 0
torch.cuda.current_device()	返回当前设备索引

例如，在上述环境中，使用 PyTorch 接口，结果如图 6-6 所示。

```
In [3]:  torch.cuda.device_count()
Out[3]:  2

In [4]:  torch.cuda.get_device_name()
Out[4]:  'GeForce GTX 1080 Ti'
```

图 6-6　PyTorch 接口使用

完成 GPU 的准备工作后，就可以在代码中实现 GPU 训练。深度学习框架提供了方便的使用形式，在 PyTorch 中，torch.device 用来表示 torch.Tensor 分配到的设备的对象，可以设置设备类型和编号。torch.device 的使用方法如表 6-7 所示。

表 6-7　torch.device 使用方法

属性或函数	描述
device=torch.device('cpu')	指定设备类型为 CPU
device=torch.device('cuda')	指定设备类型为 GPU，设备为当前设备，即 torch.cuda.current_device() 返回的设备索引
device=torch.device('cpu',0)	指定设备类型为第一块 CPU
device=torch.device('cuda',0)	指定设备类型为第一块 GPU

当使用 PyTorch 进行训练时，如果不指定设备，则默认使用 CPU 训练。首先，先将模型放入 GPU，可以用 .to(device) 和 .cuda() 2 种方式。代码 CORE0601 如下所示。

代码 CORE0601

```
# 定义 mlp 模型
mlp=MLP()
# 使用 .to(device) 将模型放入第一个 GPU
device_0=torch.device('cuda:0')
mlp=mlp.to(device_0)
```

```
# 定义 lenet 模型
lenet=LeNet5()
# 使用 .cuda() 将模型放入第二个 GPU
device_1=torch.device('cuda:1')
lenet=lenet.cuda(device_1)
```

模型放入 GPU 中仍不够,当使用 GPU 训练时,模型和输入必须在同一个 GPU 上,数据放入 GPU 的过程与模型相同。代码 CORE0602 如下所示。

代码 CORE0602

```
# 在一个 epoch 中 for batch, (x, y) in enumerate(train_loader):
    # 使用 .to() 将数据放入 device_0
    x0=x.to(device_0)
    y0=y.to(device_0)
    # 使用 .cuda() 将数据放入 device_1
    x1=x.cuda(device_1)
    y1=y.cuda(device_1)
    # 正向计算
pred0=mlp(x0)
pred1=lenet(x1)
# 计算损失
loss0=criterion(pred0, y0)
loss1=criterion(pred1, y1)
# 反向计算
optimizer0.zero_grad()
loss0.backward()
optimizer0.step()
optimizer1.zero_grad()
loss1.backward()
optimizer1.step()
```

如果我们像深度学习部分中的实验一样对每个 epoch 输出损失,并输出每个 epoch 所需的训练时间,会得到类似图 6-7 的结果。图 6-7(a)、(b)对应的是训练 lenet5 网络的损失和时间,图 6-7(c)、(d)对应的是训练 mlp 网络的损失和时间,图 6-7(a)和(c)用 CPU 训练,图 6-7(b)和(d)用 GPU 训练。在剔除前 10 个 epoch 数据后对每个 epoch 训练时长取均值后可得:对于 lenet 网络 GPU 提速约 10 倍,对于 mlp 网络 GPU 提速约 7 倍。(在统计时之所以要剔除前 10 个 epoch,是因为开始训练时通常不稳定,影响比较的效果)

当使用 GPU 训练神经网络时,可以打开另一个终端使用 watch nvidia-smi 命令定期(2 s)查看 GPU 使用信息,效果如图 6-8 所示。在图 6-8 中,显示的是用第二块 GPU 卡训练 lenet5 网络时的 GPU 状态,可以看出该任务占用了 677 MB 的内存,GPU 使用率约为 15%。

```
start training.                                    start training.
|epoch |   loss of LeNet5   | time of epoch  |     |epoch |   loss of LeNet5   | time of epoch  |
|  1   |      0.026         |      66.        |     |  1   |      0.025         |      6.8       |
|  2   |      0.023         |      56.        |     |  2   |      0.023         |      5.3       |
|  3   |      0.023         |      64.        |     |  3   |      0.023         |      6.3       |
|  4   |      0.023         |      57.        |     |  4   |      0.023         |      6.1       |
|  5   |      0.023         |      60.        |     |  5   |      0.023         |      6.2       |
```
（a） （b）

```
start training.                                    start training.
|epoch |   loss of MLP   | time of epoch  |        |epoch |   loss of MLP   | time of epoch  |
|  1   |     0.025       |      21.        |        |  1   |     0.025       |      3.1       |
|  2   |     0.023       |      21.        |        |  2   |     0.023       |      3.5       |
|  3   |     0.023       |      23.        |        |  3   |     0.023       |      3.4       |
|  4   |     0.023       |      29.        |        |  4   |     0.023       |      3.9       |
|  5   |     0.023       |      26.        |        |  5   |     0.023       |      3.9       |
```
（c） （d）

图 6-7　使用 CPU/GPU 训练 lenet5 和 mlp 网络的对比
（a）使用 CPU 训练 lenet　（b）使用 GPU 训练 lenet
（c）使用 CPU 训练 mlp　（d）使用 GPU 训练 mlp

```
Thu Apr  8 15:20:38 2021
+-----------------------------------------------------------------------------+
| NVIDIA-SMI 418.87.00    Driver Version: 418.87.00    CUDA Version: 10.1      |
|-------------------------------+----------------------+----------------------+
| GPU  Name       Persistence-M| Bus-Id        Disp.A | Volatile Uncorr. ECC |
| Fan  Temp  Perf  Pwr:Usage/Cap|         Memory-Usage | GPU-Util  Compute M. |
|===============================+======================+======================|
|   0  GeForce GTX 108...  Off  | 00000000:03:00.0 Off |                  N/A |
|  0%   25C    P8    12W / 250W |     10MiB / 11178MiB |      0%      Default |
+-------------------------------+----------------------+----------------------+
|   1  GeForce GTX 108...  Off  | 00000000:84:00.0 Off |                  N/A |
|  0%   30C    P2    63W / 250W |    677MiB / 11178MiB |     15%      Default |
+-------------------------------+----------------------+----------------------+

+-----------------------------------------------------------------------------+
| Processes:                                                       GPU Memory |
|  GPU       PID   Type   Process name                             Usage      |
|=============================================================================|
|    1     19714     C   /home/sugon/anaconda3/envs/py36/bin/python    667MiB |
+-----------------------------------------------------------------------------+
```

图 6-8　GPU 信息截图

技能点二　GPU 并行计算

　　当网络和数据规模不大时,单个 GPU 已经能满足训练要求。然而,目前很多深度学习任务为了追求准确率会采用更高参数量的模型和更大的数据集,例如 Resnet50 网络(约2 300 万参数量)训练 ImageNet 数据集(128 万张图片),用一块 Tesla V00 训练 50 个 epoch需要 1~1.5 天时间;中英文语音识别模型 DeepSpeech2(约 1 亿参数量)训练语音数据(总时长超过 2 万小时),单 GPU 需要 3~6 周;文本生成模型 GPT-2(约 15 亿参数量)训练 Web-Text 文本数据(800 万篇文章左右),单 GPU 需要一个月时间甚至更多。此时,这些模型的训练时间已经很难保证上线时间需求,为了加快训练节奏,通常会使用多 GPU 并行计算的方法。

多 GPU 训练可以从两个方面提高模型训练能力,一方面是突破单卡的显存,使用多 GPU 可以训练超过单卡显存上限的模型;另一方面是利用更大的批处理大小(Batch Size)以提高训练速度。

多 GPU 并行从主机数量角度分为两类,一类是单台机器多个 GPU,另一类是多台机器多个 GPU,也简称为单机多卡和多机多卡,这两者在原理和实现上都有很大不同。

1. GPU 通信

在介绍多 GPU 并行训练之前,首先要了解 GPU 的通信,包括 CPU 与 GPU 的通信、单节点内 GPU 与 GPU 的通信和多节点间 GPU 的通信。

1)CPU 与 GPU 通信

在 CPU 和 GPU 的异构系统中,CPU 与 GPU 经北桥(Bridge)通过 PCIe 总线连接,各有独自的存储器,分别是主存(Host Memory)和显存(Device Memory)。CPU 处理逻辑性较强的事务,GPU 处理高密集度的浮点运算。

当使用 GPU 进行深度学习训练时,数据需要先由 GPU 进行读取,然后通过北桥将数据传入 GPU 显存中,GPU 完成计算任务后,再将结果返回给主机内存,CPU 与 GPU 通信如图 6-9 所示。

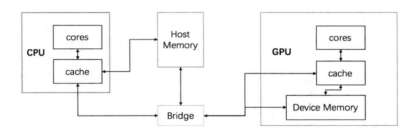

图 6-9　CPU 与 GPU 通信

2)单节点内 GPU 与 GPU 通信

如今很多厂商推出了专门用于深度学习的服务器,例如常见的 4 卡 GPU 服务器、8 卡 GPU 服务器和 16 卡 GPU 服务器。由于受限于 PCIe 卡槽数量和拓扑方式,一般一台服务器中的 GPU 卡数量不超过 16 个。其中,8 卡 GPU 服务器如图 6-10 所示。

不同厂商和产品的内部拓扑结构不完全相同。双路 CPU 、8 卡 P100 GPU 服务器内部的拓扑结构如图 6-11 所示。

在双路 8 卡 GPU 拓扑结构中,CPU 与 GPU 之间通过 PCIe Switch 连接,GPU0~G-PU3 两两之间既可以通过 PCIe Switch 连接又可以通过 NVLink 通信,GPU4~GPU7 也是如此。如果没有 NVLink,则使用 PCIe 通信。如果使用 NVLink,由于一块 P100 能够集成 4 条 NVLink 连接线,8 块 GPU 间无法做到全连接。所以图 6-11 中,GPU0 可以与 GPU6 通过 NVLink 连接,但 GPU0 与 GPU4 之间没有直接路线,仍然需要使用 PCIe 进行间接通信。

图 6-10　8 卡 GPU 服务器

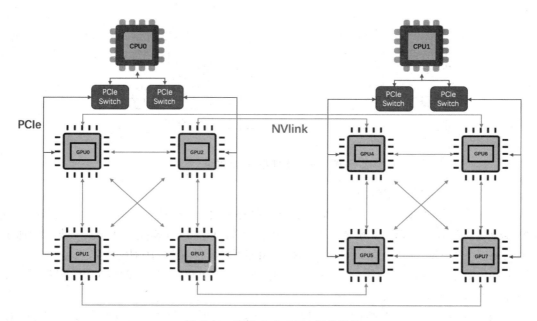

图 6-11　双路 8 卡 GPU 拓扑结构

　　NVLink 是 NVID IA 公司提供的一个 GPU 间高速互联的技术,但不是所有的 GPU 卡都能支持 NVLink,只有部分新的 GPU 可以支持,在使用时需要注意。不同的 GPU 对NVLink 的支持能力也不同,比如 P100 可集成 4 条 NVLink 连接线,V100 可集成 6 条NVLink 连接线。

　　出于带宽的限制,通常在单机多 GPU 训练时,并不能实现完全的线性扩展。当使用

NVLink 时有效带宽可以达到最大,经过实验,测试在连续读写任务中 NVLink2.0 比 PCIe3.0 快 5 倍左右,但 NVLink 的能耗要比 PCIe 多。

　　NVLink 目前无法直接实现单服务器中的 8 个 GPU 全连接。在 2018 年,NVIDIA 公司发布了 NVSwitch,实现了 NVLink 的全连接,可以支持单节点 16 个 GPU 的全连接,拓扑结构如图 6-12 所示。

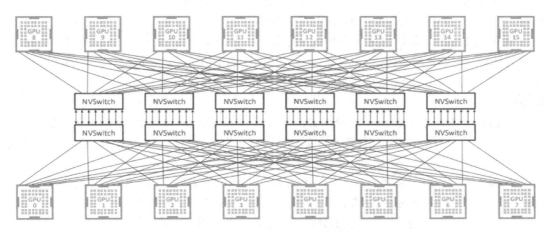

图 6-12　单节点 16 个 GPU 全连接拓扑结构

3)多节点间 GPU 的通信

　　当单机多卡无法满足计算需求时,可以通过多台 GPU 进行横向扩展。一个多机多卡集群的架构如图 6-13 所示,该集群中有 4 个节点,每台服务器中都有一个 CPU 和 4 个 GPU,服务器的 GPU 间通过 PCIe 连接,服务器间通过交换机连接。

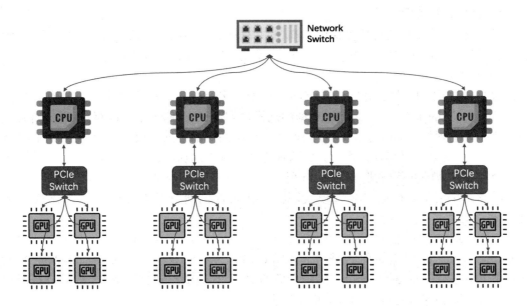

图 6-13　多机多卡集群架构

其中,服务器与服务器之间连接的方式有两种,一种是传统的 TCP/IP 网络通信,需要进行一系列的内存拷贝、数据包处理等步骤,会产生一定的网络延迟,对于深度学习训练,这种数据传输量大的工作容易造成性能瓶颈。这时可以考虑另一种 RDMA(Remote Direct Memory Access)技术,它是为解决网络传输中数据处理延迟而产生的一种远端内存直接访问技术,使用内存零拷贝方式实现服务器间的超低时延和高吞吐量传输。

目前部署 RDMA 可以采用 3 种协议,分别是基于 Infiniband 的 RDMA、基于聚合以太网(RoCE)的 RDMA 以及基于 iWARP 的 RDMA。

● InfiniBand 字面意思为无限带宽,简称 IB。单网口速度支持 10~56 Gbps,经常用于高性能计算、深度学习、数据库和存储等领域。但部署 IB 的成本很高,它们与已有的网络设备不兼容,不仅需要每台服务器插专门支持 IB 的网卡,还要采购价格高昂的 IB 交换机设备。

● RoCE 是基于 Ethernet 的 RDMA。RoCE 支持普通的以太网交换机,但需要支持 RoCE 的网卡,可以被认为是 IB 的"低成本解决方案",在企业中应用也比较多,但相同场景下与 IB 相比性能要有一些损失。

● iWARP 是基于 TCP 或 STCP 的 RDMA。与 RoCE 相似,iWARP 也支持普通以太网交换机,但需要支持 iWARP 的网卡。消耗的资源比 RoCE 多,支持的特性比 iWARP 少。

在选择部署方式时,应兼顾需求、成本与性能。由于通信方式的限制,当使用多 GPU 并行计算时,会出现 1+1 < 2 的情况,但差异的程度可以通过硬件和软件的提升来降低。

由于多节点间 GPU 的通信延迟更大,除非有条件使用 RDMA 通信,否则在单机多卡能够满足需求的情况下,尽量不要使用多机多卡。

对于人工智能平台实施工程师而言,也许服务器内部或集群内部之间的连接方式不需要平台工程师设计和实现,但工程师应该了解它的原理以便出现问题时进行故障诊断或性能提升。

2. GPU 并行计算方式

本章节起,会从软件实现角度探讨 GPU 的并行计算。在拥有多块 GPU 的情形下,一般主流深度学习框架的多 GPU 训练有数据并行、模型并行和混合并行 3 种方式。

1)数据并行

在数据并行中,不同的 GPU 设备有同一模型的多个副本。如果工作节点没有公共内存,只有容量受限的本地内存,而训练数据的规模很大,无法存储于本地内存,那么就需要将数据分片并分配到每个 GPU 上,GPU 依据各自分配的局部数据对模型进行训练,最后将所有 GPU 的计算结果按照某种方式合并。这种方法可以增加训练数据的批处理大小,是最常见也是最容易实现的并行方式,如图 6-14 所示。

在数据并行中,又有很多实现模式,其中,代表性的两种是 Parameter Server 模式和 All-Reduce 模式。

Ⅰ. Parameter Server 模式

Parameter Server 模式简称 PS 模式,如图 6-15 所示。它采用了一种 master-slave 的形式。其中 Parameter Server(PS)负责维护参数的更新,其他节点则负责从 PS 获取最新参数计算出梯度,并向 PS 发送梯度和参数更新请求。

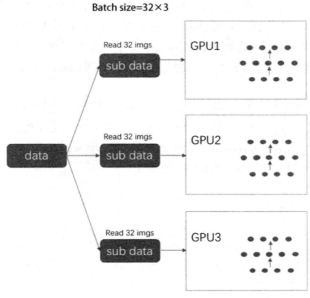

图 6-14　数据并行方式

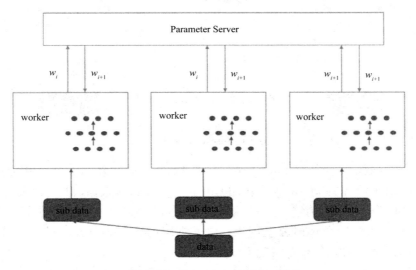

图 6-15　Parameter Server 模式

在更新时,按照参数整合方式,又可以分为同步训练和异步训练,也称为同步更新与异步更新。

● 同步训练。在同步训练中,每个 GPU 负责计算自己的局部训练数据,当所有数据的前向计算结束后,把梯度累加并计算均值后再更新参数。这样的好处是 loss 下降比较稳定,但处理速度取决于最慢的分片计算时间。

● 异步训练。与同步训练不同的是,当梯度更新时,各计算节点独立更新。在这种模式下,即使有设备性能很差或者中途退出,对训练结果和效率也不会有太大影响。也是由于设备间独立的问题,可能会造成参数的抖动,但总体趋势是向着 loss 下降方向进行的。

　　在早期的深度学习中, Parameter Server 模式是实现并行计算参数更新的常用方法,但随着模型的复杂程度变高,参数间的依赖性增大,需要传输的参数量也随之增大,使得 PS 的传输带宽逐渐成为瓶颈,因此引入了一种更合理的 All-Reduce 模式。

　　Ⅱ. All-Reduce 模式

　　在 All-Reduce 模式中,所有的节点都是 worker,并呈现一个环状结构,如图 6-16 所示。每个 worker 完成自己的局部数据训练,计算出梯度,并将梯度传递给环中的下一个 worker,同时它也接收上一个 worker 的梯度。对于一个包含 N 个 worker 的环,各个 worker 收到其他 $N-1$ 个 worker 的梯度后就可以更新模型参数了。

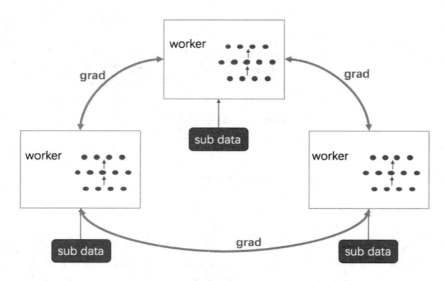

图 6-16　All-Reduce 模式

　　假如有 3 个 worker,并且有个长度为 3 的向量数据需要更新。一个简单的 All-Reduce 算法如图 6-17 所示,其中 a0 代表第一个 GPU 中的第一个维度数据,a1 代表第一个 GPU 的第二个维度数据。最初状态为编号 1 的图片,经过变换后,a0 的数据传给了第二个 worker,b0 变为 a0+b0,同时第三个 worker 上的第二维数据和第一个 worker 上的第三维数据都完成了聚合,可以看到经过几次聚合后就可以完成更新。

　　假设每个 worker 上的数据都是一个长度为 S 的向量,则在这个结构中,每个 worker 发送的数据量是 $O(S)$,与 worker 的数量 N 无关。这样就避免了主从架构中 master 需要处理 $O(S \times N)$ 的数据量而引发网络瓶颈的问题。

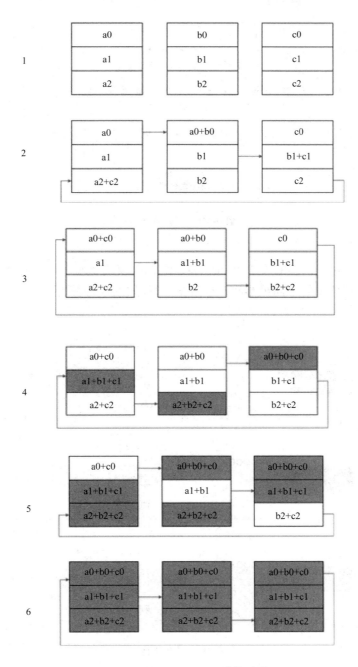

图 6-17　All-Reduce 计算过程

2）模型并行

在模型并行中,分布式系统中的各 GPU 分别负责网络模型的不同部分,可用于模型超过单卡显存容量时显存不够的场景,如将神经网络的不同层分配到不同的 GPU 中去,或者将神经网络同一层中的不同参数变量分配到不同的 GPU 中去,模型并行的结构如图 6-18所示。

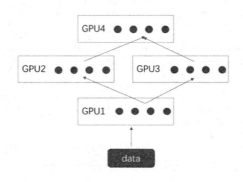

图 6-18　模型并行

3）混合并行

混合并行是指在一个 GPU 集群中，既有模型并行，又有数据并行。如在同一台机器中执行模型并行，在集群中的不同机器间执行数据并行，如图 6-19 所示。

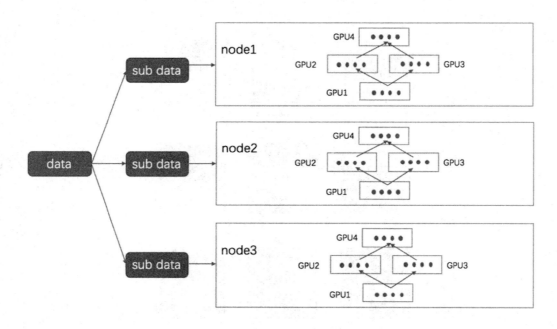

图 6-19　混合并行

在上文 GPU 通信部分中已经提到单机多卡与多机多卡的概念，这是从主机数量的角度对多 GPU 并行进行划分的两种方式，从训练的角度看，这两种方式的区别如下。

● 单机多卡，只需要运行一份代码，该代码调用机器的 GPU 进行资源分配和使用。

● 多机多卡，每台机器上分别运行一份代码，机器之间需要相互通信传递参数。

不论是数据并行、模型并行还是混合并行，都可以在单机多卡和多机多卡中实现。

3. GPU 并行训练实现

本部分将以 PyTorch 为框架实现 GPU 并行训练,由于各类型并行方式的实现不同,此处分情况进行阐述,分别是单机多卡数据并行、单机多卡模型并行和多机多卡数据并行。

1)单机多卡数据并行

单机多卡的数据并行是中小型规模的模型和数据训练时最常见的方式。PyTorch 提供了两个并行训练的接口,分别是 torch.nn.DataParallel(DP)和 torch.nn.parallel.DistributedDataParallel(DDP),两者的区别如表 6-8 所示。

表 6-8　DP 与 DDP 的区别

属性或函数	适用范围	速度	实现
torch.nn.DataParallel	单机多卡	慢	写法简单
torch.nn.parallel.DistributedDataParallel	单机多卡或多机多卡	快	写法较复杂

Ⅰ. DataParallel

DataParallel 的常用接口参数如表 6-9 所示。

表 6-9　DataParallel 的常用接口参数

参数	说明
module	需要并行的模型
device_ids	指定要使用的 GPU,为 CUDA 列表或 torch.device 或编号组成的 int 列表。默认使用全部 GPU
output_device	指定用来汇总梯度的 GPU,为某个 GPU 编号或 torch.device,默认为第一个设备,即 device_ids[0]

当使用 DataParallel 进行分布式训练时,代码 CORE0603 如下所示。

```
代码 CORE0603
# 模型放入 GPU 并使用单机多卡并行
net=net.cuda()
net=nn.DataParallel(net)
# 数据放入 GPU 上
inputs, labels=inputs.cuda(), labels.cuda()
result=net(inputs)
```

在上述代码中,如果不指定 GPU 的话,则默认使用机器上所有能调用的 GPU 进行训练。如果想限制使用的 GPU 数量,可以使用配置 CUDA 访问限制的形式定义 GPU 使用范围。例如在终端运行时,设置 CUDA_VISIBLE_DEVICES 参数,代码 CORE0604 如下所示。

代码 CORE0604

```
$ CUDA_VISIBLE_DEVICES=0 python script.py # 只有第一个 GPU 能够被调用

# 除此之外,还可以通过以下形式设置
$ CUDA_VISIBLE_DEVICES=0,2,3 python script.py # 第 1、3、4 个 GPU 能够被调用
$ CUDA_VISIBLE_DEVICES="0,2,3" python script.py # 同上
$ CUDA_VISIBLE_DEVICES="" # 没有 GPU 能够被调用
```

如果不在终端中设置,也可以在 PyThon 代码中设置这一参数,代码 CORE0605 如下所示。

代码 CORE0605

```
import os
os.environ["CUDA_VISIBLE_DEVICES"] = "0,1"
```

需要注意的是,当使用 CUDA_VISIBLE_DEVICES 参数限定 GPU 使用范围后,GPU 的实际编号跟程序看到的编号是不同的,比如限定 CUDA_VISIBLE_DEVICES=0,4,但程序看到的编号被改为了 0、1,实际就是第 1、5 个 GPU。

DP 的实现虽然简单,但它是有缺点的,DP 的实现更贴近于 Parameter Server 模式,在每个训练批次中,由于模型权重都在一个进程上计算,然后分发到各个 GPU 中,网络通信就成为了一个瓶颈,GPU 使用率通常也比较低。由于在单机多卡的情况下 DDP 的速度也会比 DP 快,并且解决了 DP 的显存使用不均衡问题,现在主流的做法都是使用 DDP。

Ⅱ. DistributedDataParallel

在 DP 中是使用单进程控制多个 GPU,而在 DDP 中我们只需要写一份代码,torch 会自动分配给 n 个进程,并分别在 n 个 GPU 上运行。与单进程训练不同,多进程训练需要注意三部分的内容。首先,需要在初始化时定义进程数量、通信机制和并发控制方式,让每个进程知道要使用哪个 GPU。其次,一个批次的数据被分成了几个进程,在每个进程取数据时需要确保获取的是不同的数据。最后,启动方式也有不同。以下进行详细阐述。

(1)初始化。DDP 支持单机多卡和多机多卡,每张卡都有一个进程,这里就会涉及进程间的通信以及多进程的通信初始化。因此在训练之前,需要先进行初始化操作,接口是 torch.distributed.init_process_group,该接口可用于单机多卡和多机多卡两种情况,其接口参数如表 6-10 所示。

表 6-10　init_process_group 的接口参数

参数	说明
backend(str)	后端选择,包括 Gloo、MP、NCCL
init_method(str, optional)	用来初始化包的 URL,一个用来做并发控制的共享方式。默认为"env://",表示使用读取环境变量的方式进行初始化。该参数与 store 互斥
store(Store, optional)	所有 worker 可访问的 key/value,用于交换连接 / 地址信息。该参数与 init_method 互斥

参数	描述
timeout(timedelta, optional)	超时连接设置,默认为 30 min,只能用于 Gloo 后端
world_size(int, optional)	总进程数
rank(int,optional)	表示当前进程编号
group_name(str,optional)	进程组的名称

其中,DDP 提供了 3 种后端选择,分别是 Gloo、MPI 和 NCCL,它们对 CPU 和 GPU 的支持如表 6-11 所示。

表 6-11　3 种后端对 CPU 和 GPU 的支持

Device	Gloo CPU	Gloo GPU	MPI CPU	MPI GPU	NCCL CPU	NCCL GPU	类别
send	√	×	√	?	×	×	P2P
recv	√	×	√	?	×	×	P2P
broadcast	√	√	√	?	×	√	CC
all_reduce	√	√	√	?	×	√	CC
reduce	√	×	√	?	×	√	CC
all_gather	√	×	√	?	×	√	CC
gather	√	×	√	?	×	×	CC
scatter	√	×	√	?	×	×	CC
reduce_scatter	×	×	×	×	×	√	CC
all_to_all	×	×	×	?	×	×	CC
barrier	√	×	√	?	×	√	CC

注: P2P(Point-to-Point Communication)表示点对点通信,CC(Collective Communication)表示集体通信,支持同步和异步的方式。

● Gloo 后端支持 CPU 和 GPU,支持集体通信,并对其进行了优化。torch.distributed 对 Gloo 提供原生支持,无须额外操作。

● MPI(Message Passing Interface),是一个常用于高性能计算的工具,支持点对点通信和集体通信。但 torch.distributed 对 MPI 不是原生支持,因此如果要使用 MPI,需要从源码对 PyTorch 进行编译,而是否支持 GPU,需要视 MPI 的安装版本而定。

● NCCL(NVIDIA Collective Communications Library)是 NVIDIA 公司的聚合通信库,可以实现多个 GPU、多个机器间的聚合通信,在 PCIe、Nvlink、InfiniBand 上可以实现较高的通信速度。NCCL 高度优化和兼容了 MPI,可以感知 GPU 的拓扑。NCCL 对 CPU 和 GPU 均有较好支持,且 torch.distributed 也提供了原生支持。

　　如何选择合适的后端,一般来说,当使用 GPU 分布式训练时使用 NCCL,当使用 CPU 分布式训练时使用 Gloo。另外,DDP 提供了 3 种数据共享的方式,分别是 tcp、共享文件和环境变量初始化。当使用 tcp 初始化时,需要指定进程 0(主进程)的 IP 和端口。在不同进程中,均使用主进程的 IP 和端口,以确保每个进程能够通过一个主进程进行协作。当使用共享文件初始化时,共享文件应该对组内所有进程都可见。

　　代码 CORE0606 使用了两种方式进行初始化。

代码 CORE0606
简单示例:
torch.distributed.init_process_group(backend='nccl',　init_method='tcp://localhost:23456', rank=0, world_size=1) # 一共 1 个 GPU,使用 tcp 进行数据共享
torch.distributed.init_process_group(backend='nccl', init_method='file:///mnt/nfs/ sharedfile',world_size=4, rank=args.rank) # 一共 4 个 GPU,使用共享文件进行数据共享

　　(2)使用 DistributedSampler 分数据。在读取数据时,需要保证一个批次数据被均匀地分摊到每个进程上,并且每个进程都能分到不同的数据,PyTorch 已经封装好了这个功能,接口名为 DistributedSampler。DistributedSampler 一般与 DistributedDataParallel 配合使用。每个进程可以传递一个 DistributedSampler 实例作为一个 Dataloader sampler,并加载原始数据集的一个子集作为该进程的输入。

　　需要注意的是,在 DataParallel 中,batch size 设置必须为单卡的 n 倍,但是在 DistributedDataParallel 内,batch size 设置与单卡一样即可。代码 CORE0607 如下所示。

代码 CORE0608
# 使用示例
train_sampler=torch.utils.data.distributed.DistributedSampler(train_dataset)
train_loader=torch.utils.data.DataLoader(train_dataset,　batch_size=batch_size_per_gpu, sampler=train_sampler)

　　(3)启动。torch.distributed 提供了一个启动工具,即 torch.distributed.launch,同时支持 PyThon2 和 PyThon3。使用该命令会在每个单节点上启动多个分布式进程,并给进程分配一个 args.local_rank 的参数,启动参数如表 6-12 所示。

表 6-12　torch.distributed.launch 的启动参数

参数	说明
training_script	脚本名称,该工具将并行启动该脚本
--nnodes	指定用来分布式训练脚本的节点数
--node_rank	多节点分布式训练时,指定当前节点的 rank
--nproc_per_node	指定当前节点上,使用 GPU 训练的进程数
--master_addr	master 节点(rank 为 0)的地址,应该为 IP 地址或者 hostname。对于单节点多进程训练的情况,该参数可以设置为 127.0.0.1

参数	描述
--master_port	指定分布式训练中 master 节点使用的端口号，不能与其他应用的端口号冲突

代码 CORE0608 使用了 torch.distributed.launch 启动。

代码 CORE0608

```
# 单节点 4 卡的使用示例
$ python -m torch.distributed.launch --nproc_per_node=4 train.py
# 查看使用帮助
$ python -m torch.distributed.launch –help
```

使用 DistributedDataParallel 进行单机多卡整体训练，代码 CORE0609 如下所示。

代码 CORE0609

```
# 导入模块
import torch
from torchvision.datasets import MNIST
from torchvision.transforms import ToTensor
from torch.utils.data import Dataset, DataLoader
import torch.distributed as dist

# 初始化
dist.init_process_group(backend='nccl')
torch.cuda.set_device(-1)

# 使用 mnist 数据集
train_dataset=MNIST(root="./dataset",train=True, transform=ToTensor(),download=True)
test_dataset=MNIST(root="./dataset",train=False,transform=ToTensor(),download=True)
# 定义数据
train_sampler=torch.utils.data.distributed.DistributedSampler(train_dataset)
train_loader=torch.utils.data.DataLoader(train_dataset,  batch_size=32,  sampler=train_sampler)
test_sampler=torch.utils.data.distributed.DistributedSampler(test_dataset)
test_loader=torch.utils.data.DataLoader(test_dataset, batch_size=32, sampler=test_sampler)

# 定义模型
lenet=LeNet5()
```

```
device=torch.device(-1)
lenet.to(device)
model=torch.nn.parallel.DistributedDataParallel(lenet, device_ids=[args.local_rank])
criterion=torch.nn.CrossEntropyLoss()
optimizer=torch.optim.Adam(lenet.parameters(), lr=1e-3)
# 定义训练过程
import time
tplt="|{0:^6}|{1:^20}|{2:^20}|"
print("start training.")
print(tplt.format("epoch", "loss of LeNet5","time of epoch"))
for epoch in range(5):
    total_loss=0.
    start_time=time.time()
    for batch, (x, y) in enumerate(train_loader):
        x=x.to(device)
        y=y.to(device)
        pred=model(x)
        loss=criterion(pred, y)
        optimizer.zero_grad()
        loss.backward()
        optimizer.step()
        total_loss += loss
    end_time=time.time()
    total_loss=total_loss.item() / 60000
    duration=end_time-start_time
    print(tplt.format(epoch+1, str(total_loss)[:5],str(duration)[:3]))
```

如果该代码命名为 lenet_ddp.py,那么使用启动命令执行代码 CORE0610,命令如下所示。

```
$ CUDA_VISIBLE_DEVICES=0,1 python -m torch.distributed.launch --nproc_per_node=2 lenet_ddp.py
```

双卡训练 lenet5 的结果如图 6-20 所示。

在整个实验中,2 个 GPU 启动两个进程,每次打印两遍相同的信息。上述 batch_size 设置为 32,实际是 32×2(GPU 数量),为 64,与图 6-6 中单 GPU 训练时 batch size 相同。由于本次实验模型不大且 batch_size 小,较图 6-6 使用单卡训练,2 个 GPU 的结果提升程度没有很明显。

```
start training.
|epoch |   loss of LeNet5  |   time of epoch   |
start training.
|epoch |   loss of LeNet5  |   time of epoch   |
|  1   |      0.026        |       8.1         |
|  1   |      0.026        |       8.1         |
|  2   |      0.024        |       7.5         |
|  2   |      0.024        |       7.5         |
|  3   |      0.023        |       7.4         |
|  3   |      0.023        |       7.4         |
|  4   |      0.023        |       7.4         |
|  4   |      0.023        |       7.4         |
|  5   |      0.023        |       7.4         |
|  5   |      0.023        |       7.4         |
```

```
Thu Apr  8 15:37:10 2021
+-----------------------------------------------------------------------------+
| NVIDIA-SMI 418.87.00    Driver Version: 418.87.00    CUDA Version: 10.1      |
|-------------------------------+----------------------+----------------------+
| GPU  Name      Persistence-M| Bus-Id        Disp.A | Volatile Uncorr. ECC |
| Fan  Temp  Perf  Pwr:Usage/Cap|         Memory-Usage | GPU-Util  Compute M. |
|===============================+======================+======================|
|   0  GeForce GTX 108...  Off | 00000000:03:00.0 Off |                  N/A |
| 0%   28C    P2    76W / 250W |    665MiB / 11178MiB |     65%      Default |
+-------------------------------+----------------------+----------------------+
|   1  GeForce GTX 108...  Off | 00000000:84:00.0 Off |                  N/A |
| 0%   31C    P2    80W / 250W |   1332MiB / 11178MiB |     10%      Default |
+-------------------------------+----------------------+----------------------+

+-----------------------------------------------------------------------------+
| Processes:                                                       GPU Memory |
|  GPU       PID   Type   Process name                             Usage      |
|=============================================================================|
|    0     31395      C   /home/sugon/anaconda3/envs/py36/bin/python    655MiB |
|    1     19714      C   /home/sugon/anaconda3/envs/py36/bin/python    667MiB |
|    1     31396      C   /home/sugon/anaconda3/envs/py36/bin/python    655MiB |
+-----------------------------------------------------------------------------+
```

图 6-20 双卡训练 lenet5 的结果

2）单机多卡模型并行

模型并行的方式并不很常见，通常在 ReID、人脸识别模型的训练中，部分私有的数据集的类别数量可达上百万、千万甚至亿的规模，此时，全连接层的参数就足以把显存撑满，导致只能使用较小的 batch size，训练速度较慢，效果不佳。在这种情况下，会用到模型并行或混合并行的方式，此处介绍模型并行。

如果将 lenet 采用模型并行的方式，代码 CORE0610 如下所示。

```
代码 CORE0610
# 定义模型
class LeNet5(nn.Module):
  def __init__(self):
    super(LeNet5, self).__init__()
    self.conv1=nn.Conv2d(1, 6, 5, padding=2)
    self.pool1=nn.MaxPool2d((2, 2))
    self.conv2=nn.Conv2d(6, 16, 5)
    self.pool2=nn.MaxPool2d((2, 2))
    self.relu=nn.ReLU()
```

```
    # 定义模型的第一个卷积部分放于 cuda:0
        self.seq1=nn.Sequential(
            self.conv1,
            self.relu,
            self.pool1
        ).to('cuda:0')
    # 定义模型的第二个卷积部分放于 cuda:1
        self.seq2=nn.Sequential(
            self.conv2,
            self.relu,
            self.pool2
        ).to('cuda:1')
    # 定义模型的全连接部分放于 cuda:1
        self.fc1=nn.Linear(16*5*5, 120).to('cuda:1')
        self.fc2=nn.Linear(120, 84).to('cuda:1')
        self.fc3=nn.Linear(84, 10).to('cuda:1')


    def forward(self, x):
        # 第一卷积部分计算结束后，需要转移到 cuda:1
        x=self.seq1(x).to('cuda:1')
        x=self.seq2(x)
        x=torch.flatten(x, 1, -1)
        x=self.fc1(x).relu()
        x=self.fc2(x).relu()
        x=self.fc3(x).softmax(dim=1)
        return x


lenet=LeNet5()
for epoch in range(5):
    for batch, (x, y) in enumerate(train_loader):
        # 数据的位置与网络对应
        x=x.to('cuda:0')
        y=y.to('cuda:1')
        pred=lenet(x)
        loss=criterion(pred, y)
# 剩余代码部分与前面实验相同
```

　　使用 PYThon 脚本常用的启动方式运行该代码，模型并行训练 lenet5 的结果如图 6-21 所示，较单卡训练速度有所提升。

```
start training.
|epoch |   loss of LeNet5  |   time of epoch  |
|   1   |       0.025      |        7.8       |
|   2   |       0.023      |        6.9       |
|   3   |       0.023      |        6.8       |
|   4   |       0.023      |        6.6       |
|   5   |       0.023      |        7.2       |


Thu Apr  8 15:40:39 2021
+-----------------------------------------------------------------------------+
| NVIDIA-SMI 418.87.00    Driver Version: 418.87.00    CUDA Version: 10.1     |
|-------------------------------+----------------------+----------------------+
| GPU  Name         Persistence-M| Bus-Id        Disp.A | Volatile Uncorr. ECC |
| Fan  Temp  Perf   Pwr:Usage/Cap| Memory-Usage | GPU-Util  Compute M. |
|===============================+======================+======================|
|   0  GeForce GTX 108...  Off  | 00000000:03:00.0 Off |                  N/A |
| 0%   29C    P2    60W / 250W  |    677MiB / 11178MiB |      6%      Default |
+-------------------------------+----------------------+----------------------+
|   1  GeForce GTX 108...  Off  | 00000000:84:00.0 Off |                  N/A |
| 0%   33C    P2    61W / 250W  |   1324MiB / 11178MiB |      7%      Default |
+-------------------------------+----------------------+----------------------+

+-----------------------------------------------------------------------------+
| Processes:                                                       GPU Memory |
|  GPU       PID   Type   Process name                             Usage      |
|=============================================================================|
|    0     32167      C   python                                     667MiB   |
|    1     19714      C   /home/sugon/anaconda3/envs/py36/bin/python 667MiB   |
|    1     32167      C   python                                     647MiB   |
+-----------------------------------------------------------------------------+
```

图 6-21　模型并行训练 lenet5 的结果

3）多机多卡数据并行

在 PyTorch 中，多机多卡的数据并行方式需要用上述提到的 DistributedDataParallel 实现，在这里仍使用 lenet_ddp.py 脚本和数据并行方式训练模型。

在多机多卡模式下需要每个节点都能够读取数据，可以把 mnist 数据放在共享目录下，或者将数据放置在各个节点中。

多机多卡的实现方式与单机多卡过程类似，不同的是需要在多台机器中分别执行。因此在本次实验中，需要在各节点执行 torch.distributed.launch 命令。如果有 2 台机器，每台机器上 2 张卡，可以使用如下方式。

假如 192.168.0.1 是主节点 IP，1234 是没有被其他程序占用的随便定义的端口号，则在主节点中执行代码 CORE0611。

代码 CORE0611

```
$ python -m torch.distributed.launch --nproc_per_node=2 --nnodes=2 --node_rank=0 --master_addr="192.168.0.1" --master_port=1234 lenet_ddp.py
```

在另外一个节点执行代码 CORE0612，node_rank 加 1。

代码 CORE0612

```
$ python -m torch.distributed.launch --nproc_per_node=2 --nnodes=2 --node_rank=1 --master_addr="192.168.0.1" --master_port=1234 lenet_ddp.py
```

执行成功可以看到类似如图 6-22 所示的结果，两台机器输出相同。如果有更多的机器则 node_rank 继续加 1，并且需要更改 nnodes 数量

```
start training.
|epoch |   loss of LeNet5  |   time of epoch   |
start training.
|epoch |   loss of LeNet5  |   time of epoch   |
|  1   |       0.013       |       4.3         |
|  1   |       0.013       |       4.3         |
|  2   |       0.012       |       4.7         |
|  2   |       0.012       |       4.7         |
|  3   |       0.011       |       4.5         |
|  3   |       0.011       |       4.5         |
|  4   |       0.011       |       4.2         |
|  4   |       0.011       |       4.2         |
|  5   |       0.011       |       4.2         |
|  5   |       0.011       |       4.2         |
```

图 6-22　多机多卡训练结果

可以看到损失函数逐步减少,每个 Epoch 的时长在 4.3 s 左右。在实际应用时,往往训练速度并不能令人满意,,需要一步一步地提升。在提升之前,我们需要知道瓶颈卡在了哪里。从硬件方面考虑,训练的速度主要受 3 个方面的制约。

(1)CPU 速度。在训练过程中,CPU 经常用来获取、分发、处理数据,或者运行 GPU 不支持的运算以及保存、输出等操作。

(2)GPU 速度。在使用 DistributedDataParallel 并行训练时,经常使用一个 GPU 启用一个进程的方式用来执行前向计算、反向计算和参数更新的操作,在同步更新时,GPU 之间需要共享权重。

(3)网络速度。并行训练时,网络用来下载数据和 GPU 间的信息传递。通常来说,一个典型的训练步骤如图 6-23 所示,CPU、GPU 和网络分别在不同阶段制约运行速度。在最理想的情况下,我们希望程序充分地并行,也就是说三者的使用率都在 100%,但事实情况往往不能达到,如何知道短板是三者中的哪一个,需要对它们的使用率进行监测。

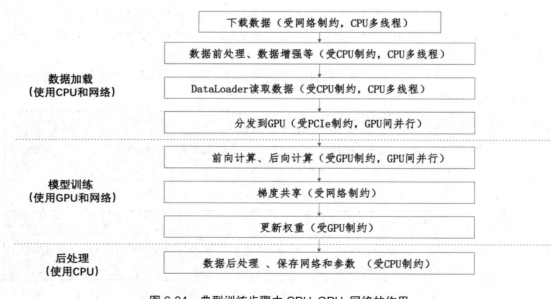

图 6-24　典型训练步骤中 CPU、GPU、网络的作用

● CPU 监测

例如使用 top 命令显示如下,可见 torch.distributed.launch 启动了两个进程,并且都占用了接近 200% 的 CPU 使用率,达到极限。在代码中,我们使用了 torch.utils.data.distributed. DistributedSampler 和 torch.utils.data.DataLoader 来加载数据,如果不定义 DataLoader 中的 num_workers 参数,则默认为 0,使用 1 个工作进程。CPU 监测结果如图 6-25 所示。

```
top - 19:49:26 up 18 min,  3 users,  load average: 2.82, 1.40, 0.71
Tasks: 357 total,    3 running, 354 sleeping,   0 stopped,   0 zombie
%Cpu(s): 12.5 us,   3.5 sy,   0.0 ni, 83.9 id,   0.0 wa,   0.0 hi,  0.1 si,  0.0 st
KiB Mem : 13190880+total, 12548774+free,  5077332 used,  1343732 buff/cache
KiB Swap:   998396 total,   998396 free,        0 used. 12616566+avail Mem

  PID USER      PR  NI    VIRT    RES    SHR S  %CPU %MEM     TIME+ COMMAND
 5303 sugon     20   0 24.594g 2.479g 498916 R 202.0  2.0   3:39.91 python
 5302 sugon     20   0 24.672g 2.477g 497360 R 182.5  2.0   3:22.51 python
```

图 6-24　CPU 监测结果

● GPU 监测。可以使用 watch nvidia-smi 命令实现 GPU 的监测,如图 6-25 所示,可见 GPU 使用率在 70% 左右徘徊,在正常范围内。

```
Thu Apr  8 18:03:01 2021
+-----------------------------------------------------------------------------+
| NVIDIA-SMI 418.87.00    Driver Version: 418.87.00    CUDA Version: 10.1      |
|-------------------------------+----------------------+----------------------+
| GPU  Name       Persistence-M| Bus-Id        Disp.A | Volatile Uncorr. ECC  |
| Fan  Temp  Perf  Pwr:Usage/Cap|         Memory-Usage | GPU-Util  Compute M.  |
|===============================+======================+======================|
|   0  GeForce GTX 108...  Off  | 00000000:03:00.0 Off |                  N/A  |
|  0%   37C    P2    79W / 250W |    685MiB / 11178MiB |     72%      Default  |
+-------------------------------+----------------------+----------------------+
|   1  GeForce GTX 108...  Off  | 00000000:84:00.0 Off |                  N/A  |
|  0%   41C    P2    83W / 250W |    685MiB / 11178MiB |     65%      Default  |
+-------------------------------+----------------------+----------------------+

+-----------------------------------------------------------------------------+
| Processes:                                                       GPU Memory  |
|  GPU       PID   Type   Process name                             Usage       |
|=============================================================================|
|    0     22440      C   /home/sugon/anaconda3/envs/py36/bin/python    675MiB |
|    1     22441      C   /home/sugon/anaconda3/envs/py36/bin/python    675MiB |
+-----------------------------------------------------------------------------+
```

图 6-25　GPU 监测

● 网络速度监测。先查看网络速度理论最大值,例如使用 ethtool 命令显示在实验机器中网口的理论最大值为 1 000 Mbit/s。再查看训练时的网络占用,例如使用 nethogs 命令显示如下,可见网络没有造成性能瓶颈。网络速度监测如图 6-26 所示。

```
NetHogs version 0.8.1

  PID USER    PROGRAM                  DEV    SENT          RECEIVED
 5303 sugon   ..a3/envs/py36/bin/python eno1   111.591   27581.414 KB/sec
 5302 sugon   ..a3/envs/py36/bin/python eno1 28013.582     151.349 KB/sec
 5585 sugon   sshd: sugon@pts/2         eno1     0.554       0.077 KB/sec
    ? root    unknown TCP                        0.000       0.000 KB/sec

 TOTAL                                        28125.727   27732.840 KB/sec
```

图 6-26　网络速度监测

本次实验的短板在于 CPU 使用,在这种情况下,可以尝试更改 torch.utils.data.Data-Loader 的 num_workers 数量使用更多的 CPU 核,以提高 CPU 使用率,有兴趣的读者可以继续探索。

技能点三 GPU 资源共享与隔离

1. 资源隔离与资源共享

对于人工智能平台来说，GPU 是一项很重要的成本投入，资源昂贵，很难做到每位用户都能分得一块 GPU。例如在一个开发团队中，有 8 台机器，每台机器中有 8 项 GPU 卡，总共有 64 项卡，但由于开发人员人数多，人均不到一块 GPU，在使用时需要相互协调。如果不合理地规划资源隔离和共享策略，可能会造成一些不想看到的后果，比如占得 GPU 卡的人并不合理利用资源，而没有 GPU 卡的人一直等待造成资源孤岛；或者缺乏优先机制，重要任务无法得到及时提交；或者多个用户都可以调用某 GPU，以致运行在 GPU 上的程序被其他用户挤掉。

在教材前面，我们提到了容器的概念，容器可以在同一物理或虚拟服务器上毫不冲突地运行多项工作负载。容器中的应用可以共享容器主机的资源，并做到资源隔离，可以使用 nvidia-docker 来控制容器能够看到的 GPU。例如，使用下述命令可以启动 nvidia/cuda:9.0-base 镜像的容器，并输出 GPU 信息。

```
$ docker run --gpus '"device=1,2"' nvidia/cuda:9.0-base nvidia-smi
```

但问题是，docker 没有办法把 GPU 像 CPU 一样进行划分，一个容器只能获得整数个 GPU。能不能把一块 GPU 卡分给两个用户，并且用户间实现资源隔离呢？

这些问题同样会出现在人工智能平台中。人工智能平台需要将分散的计算资源收集起来组成资源池，提供集群式的池化管理，并需要配置资源管理策略，使用户公平地使用资源。GPU 的资源隔离与共享是人工智能平台一个重要的功能。

● 资源隔离。在大型的系统平台中常见用户和用户组的概念，相互之间需要进行资源隔离。在人工智能平台中，隔离的硬件资源主要包括 CPU 核和 GPU。例如在图 6-27 中，系统存在多个用户组，一个组中可以有多个用户，并且可以通过资源限制将用户组总体 CPU 限制为 10 个单位，GPU 限制为 10 个单位，单个用户 CPU 核限制为 2 个单位，GPU 限制为 2 个单位。

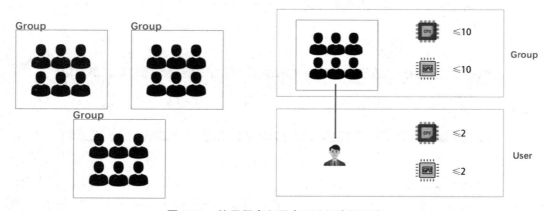

图 6-27　使用用户和用户组进行资源隔离

● 资源共享。由于 GPU 按整数分配会带来资源使用率低下的问题,因此人工智能平台经常通过 GPU 虚拟化将整块 GPU 分片,将分片后的 GPU 提供给用户使用,GPU 虚拟化如图 6-28 所示,其可以将 GPU 切分成 8 份,每份 4 GB 显存,相当于 4 张 GPU 卡变成了 24 张卡。或者用户根据需求自行设置显存使用的大小。

2. GPU 虚拟化

在 2014 年之前,GPU 的虚拟化技术一般采用的是 GPU 直通(Passthrough),这是最早采用,也是最成熟的方案,NVIDIA、AMD 和 Intel 公司都有支持。其优势和缺陷都比较明显,CPU 虚拟化的优势如下。

● 性能损耗小,在大部分单 GPU 应用场景下,NVIDIA GPU 在直通模式下能达到物理机性能的 96% 左右。

● 兼容性好,随着 GPU 虚拟化使用场景的扩大,一个 GPU 驱动同时支持物理机和虚拟机直通已经变成出厂的基本要求。

● 技术简单,运维成本低,对 GPU 厂商没有依赖。

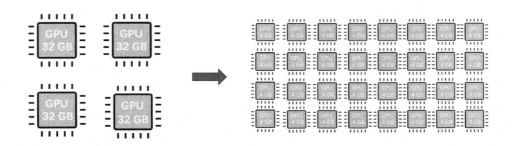

图 6-28　GPU 虚拟化

GPU 虚拟化缺点如下。

● 不支持 GPU 资源的分割,只能把一个 GPU 分给一个虚拟机,不能分给多个虚拟机。

● 不容易迁移。

随着技术的发展,后来又诞生了基于 SRIOV 的 GPU 虚拟化方案(AMD 公司提出的)和基于 VFIO mediated passthrough 的虚拟化方案(NVIDIA 公司和 Intel 公司提出)。两者都能够将部分型号的 GPU 虚拟化成多个 vGPU,n 个虚拟机能够同时使用该 GPU 设备。

由于 NVIDIA GPU 使用较多,因此重点介绍 NVIDIA 公司的虚拟化方案 NVIDIA GRID vGPU。NVIDIA GRID vGPU 是一种分片虚拟化,分片可以从两个方面解释,一方面,与 CPU 进程调度类似,是对 GPU 在时间片段上的划分;另一方面,是对 GPU 资源的划分,主要是指显存,例如,一个物理 GPU 有 12 GB 显存,分为 12 个 vGPU,则每个 vGPU 能得到 1 GB 显存,并且 vGPU 间的显存独立。

在高性能计算情况下,NVIDIA GRID vGPU 的性能损耗可以低于 15%,在一个物理 GPU 分成一个 vGPU 的情况下,与 GPU 直通方案性能相似。

但 NVIDIA GRID vGPU 也有缺点,它不能用于 docker 环境中,随着深度学习的普及发展,很多厂商提出了运用于 docker 环境的 GPU 虚拟化方案,如表 6-13 所示。

表 6-13　应用于 NVIDIA GPU 的虚拟化技术举例

虚拟化技术	厂商	是否开源	描述
NVIDIA GRID(vGPU)	NVIDIA	否	NVIDIA 公司官方提供,只能用于虚拟机平台,不能用于 docker 容器中,缺点是授权费昂贵
NVIDIA MPS	NVIDIA	否	NVIDIA 公司最早提供的 GPU 任务共享方案,基于 MPI Server 和 MPI client 提供共享计算能力,缺点是 server 或 client 异常退出会对其他 client 造成影响,难以应用于生产环境中
cGPU	阿里云	否	支持容器级别的 GPU 虚拟化,多个容器共享 GPU,能够实现显存和算力隔离,在 nvidia-container-runtime 层实现,但只能在阿里云上使用
vCUDA	腾讯 TKE 团队	是	支持容器级别的 GPU 虚拟化,多个容器共享 GPU,支持显存和算力隔离。在 CUDA 层面实现,需要替换 CUDA 库,可能存在兼容性问题

下面使用 CIFAR10 数据集和 Resnet50 模型完整地说明训练流程,并比较单机单卡以及单机多卡的运行效率。

其中,CIFAR10 数据集有 60 000 张 32×32 的彩色图像,包含了 10 个图像的类别。分别为飞机、汽车、鸟、猫、鹿、狗、青蛙、马、船以及卡车。它是一个在图像识别领域常用的数据集,并经常用来作为基础任务对比算法性能。在 CIFAR10 的官方网页上可以下载 CIFAR10 的数据,下载 cifar-10-python.tar.gz 文件。CIFAR-10 数据集下载文件如图 6-29 所示。

Download

If you're going to use this dataset, please cite the tech report at the bottom of this page.

Version	Size	md5sum
CIFAR-10 python version	163 MB	c58f30108f718f92721af3b95e74349a
CIFAR-10 Matlab version	175 MB	70270af85842c9e89bb428ec9976c926
CIFAR-10 binary version (suitable for C programs)	162 MB	c32a1d4ab5d03f1284b67883e8d87530

图 6-29　CIFAR-10 数据集

第一步:准备数据。

在工作目录创建一个名为 CIFAR 的文件夹,代码 CORE0613 如下所示。

代码 CORE0613

```
$ mkdir CIFAR
```

将下载的压缩文件复制到目录下并解压,代码 CORE0614 如下所示。

代码 CORE0614

```
$ cp cifar-10-python.tar.gz ./CIFAR
```

```
$ cd CIFAR
$ tar xvf cifar-10-python.tar.gz
```

使用 tree 命令查看目录结构结果如图 6-31 所示。

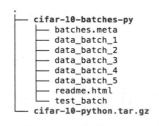

```
.
├── cifar-10-batches-py
│   ├── batches.meta
│   ├── data_batch_1
│   ├── data_batch_2
│   ├── data_batch_3
│   ├── data_batch_4
│   ├── data_batch_5
│   ├── readme.html
│   └── test_batch
└── cifar-10-python.tar.gz

1 directory, 9 files
```

图 6-30　使用 tree 命令查看目录结构结果

第二步：导入必要的库。

在工作目录 vi resnet_ddp.py 下，先导入必要的库，代码 CORE0615 如下所示。

代码 CORE0615

```
# 导入模块
import torch
from torch.utils.data.distributed import DistributedSampler
from torch.utils.data import DataLoader
import torch.nn as nn
import torch.optim as optim
import torchvision
import torchvision.transforms as transforms
import argparse
import os
import time
import random
import numpy as np
```

第三步：定义随机种子、评估方式和学习率更新方式。

在深度学习训练时，很多工程师会用到随机种子，它的功能是可以让结果具有重复性。由于神经网络的训练跟模型参数的初始值相关，初始值跟种子值相关，因此如果定义了种子值，则其他人在执行该代码时，可以让结果复现。代码 CORE0616 如下所示。

代码 CORE0616

```
# 定义随机种子函数
def set_random_seeds(random_seed=0):
    torch.manual_seed(random_seed)
    torch.backends.cudnn.deterministic=True
```

```
            torch.backends.cudnn.benchmark=False
            np.random.seed(random_seed)
            random.seed(random_seed)
# 定义评估函数
def evaluate(model, device, test_loader):
    model.eval()
    correct=0
    total=0
    with torch.no_grad():
        for data in test_loader:
            images, labels=data[0].to(device), data[1].to(device)
            outputs=model(images)
            _, predicted=torch.max(outputs.data, 1)
            total+=labels.size(0)
            correct+=(predicted == labels).sum().item()
    accuracy=correct / total
    return accuracy
# 随着迭代过程继续,不断降低学习率,以防止在局部震荡
def update_lr(optimizer, lr):
    for param_group in optimizer.param_groups:
        param_group['lr']=lr
```

第四步:接收参数。

这里使用了 argparse, local_rank 由 torch.distributed.launch 产生,无须定义,其他参数自定义。代码 CORE0617 为主函数部分的内容。

代码 CORE0617

```
num_epochs_default=10000
batch_size_default=256
learning_rate_default=0.001
random_seed_default=0
model_dir_default="saved_models"
model_filename_default="resnet_distributed.pth"


# 定义输入参数
parser=argparse.ArgumentParser(formatter_class=argparse.ArgumentDefaultsHelpFormatter)
parser.add_argument("--local_rank",type=int,help="Local rank. Necessary for using the
torch.distributed.launch utility.")
parser.add_argument("--num_epochs",type=int,help="Number of training epochs.",
```

```
default=1000)
    parser.add_argument("--batch_size", type=int, help="Training batch size for one process.",
default=256)
    parser.add_argument("--learning_rate", type=float, help="Learning rate.", default=0.1)
    parser.add_argument("--random_seed", type=int, help="Random seed.", default=0)
    parser.add_argument("--model_dir",type=str, help="Directory for saving models.",
default= "saved_models")
    parser.add_argument("--model_filename",type=str,help="Model  filename.",default=  "res-
net_distributed.pth")
    parser.add_argument("--resume",action="store_true",help="Resume  training  from  saved
checkpoint.")
    argv=parser.parse_args()

    # 定义必要变量并赋值
    local_rank=argv.local_rank
    num_epochs = argv.num_epochs
    batch_size = argv.batch_size
    learning_rate = argv.learning_rate
    random_seed = argv.random_seed
    model_dir = argv.model_dir
    model_filename = argv.model_filename
    resume = argv.resume
    model_filepath = os.path.join(model_dir, model_filename)
```

第五步：定义模型。

使用 torchvision 中的 resnet50 模型，并使用 DDP 定义数据并行。代码 CORE0618 如下所示。

代码 CORE0618

```
# 随机种子初始化
set_random_seeds(random_seed=random_seed)
# 使用 nccl 作为后端进行初始化，默认参数同步更新
torch.distributed.init_process_group(backend="nccl")
# torch.distributed.init_process_group(backend="gloo")

# 使用 resnet50 模型，torchvision.models 中预置了很多常见模型方便调用
model=torchvision.models.resnet50(pretrained=False)

# 将模型放入 GPU，并定义数据并行
```

```
device=torch.device("cuda:{}".format(local_rank))
model=model.to(device)
ddp_model=torch.nn.parallel.DistributedDataParallel(model,device_ids=[local_rank], output_device=local_rank)

# 当保存模型参数时使用 cuda:0 保存,加载模型参数时也使用 cuda:0
if resume==True:
    map_location={"cuda:0": "cuda:{}".format(local_rank)}
    ddp_model.load_state_dict(torch.load(model_filepath, map_location=map_location))
```

第六步:加载数据。

使用 transform 定义数据转换步骤,并定义 DataLoader、损失函数和优化器。代码 CORE0619 如下所示。

代码 CORE0619

```
# 定义数据转换步骤
transform=transforms.Compose([
    transforms.RandomCrop(32, padding=4),
    transforms.RandomHorizontalFlip(),
    transforms.ToTensor(),
    transforms.Normalize((0.4914, 0.4822, 0.4465), (0.2023, 0.1994, 0.2010)),
])
# 使用 cifar10 数据集,此处由于下载不是多进程安全的,将 download 设为 False。
train_set=torchvision.datasets.CIFAR10(root="CIFAR",train=True,download=False,transform=transform)
test_set=torchvision.datasets.CIFAR10(root="CIFAR",train=False,download=False,transform=transform)

# 使用 DistributedSampler 将数据分片
train_sampler=DistributedSampler(dataset=train_set)
train_loader=DataLoader(dataset=train_set,batch_size=batch_size,sampler=train_sampler, num_workers=8)
# 测试数据不需要与训练数据完全一致
test_loader=DataLoader(dataset=test_set,batch_size=128,shuffle=False,num_workers=8)

# 定义损失函数和优化器
criterion=nn.CrossEntropyLoss()
optimizer=torch.optim.Adam(model.parameters(), lr=learning_rate)
```

第七步:定义前向和后向计算。代码 CORE0620 如下所示。

代码 CORE0620

```
# 迭代训练
for epoch in range(num_epochs):
    start_time=time.time()
    # 每次 epoch 在 cuda:0 上计算准确率并保存模型参数,防止多次输出和保存
    ddp_model.train()
    for data in train_loader:
        inputs, labels=data[0].to(device), data[1].to(device)
        optimizer.zero_grad()
        outputs=ddp_model(inputs)
        loss=criterion(outputs, labels)
        loss.backward()
        optimizer.step()
    end_time=time.time()
    duration=end_time-start_time
    if local_rank==0:
        accuracy=evaluate(model=ddp_model, device=device, test_loader=test_loader)
        torch.save(ddp_model.state_dict(), model_filepath)
        print("Epoch: {}, Accuracy: {}, Cost Time:{:.2f}".format(epoch, accuracy, duration))
```

在脚本的最后加入代码 CORE0621。保存好脚本后,需要将脚本放入共享目录或分发到各节点。

代码 CORE0621

```
if __name__ == "__main__":
    main()
```

第八步:执行运行命令。

单机单卡运行命令代码 CORE0622 如下所示。

代码 CORE0622

```
$ python -m torch.distributed.launch --nproc_per_node=1 --nnodes=1 --node_rank=0 --master_addr="127.0.0.1" --master_port=1234 resnet_ddp.py
```

单机双卡运行命令代码 CORE0623 如下所示。

代码 CORE0623

```
$ python -m torch.distributed.launch --nproc_per_node=2 --nnodes=1 --node_rank=0 --master_addr="127.0.0.1" --master_port=1234 resnet_ddp.py
```

单机四卡运行命令代码 CORE0623 如下所示。

代码 CORE0623

```
$ python -m torch.distributed.launch --nproc_per_node=4 --nnodes=1 --node_rank=0
--master_addr="127.0.0.1" --master_port=1234 resnet_ddp.py
```

单机六卡运行命令代码 CORE0625 如下所示。。

代码 CORE0628

```
$ python -m torch.distributed.launch --nproc_per_node=6 --nnodes=1 --node_rank=0
--master_addr="127.0.0.1" --master_port=1234 resnet_ddp.py
```

训练结果如图 6-31 到图 6-35 所示。

```
local_rank 0
Files already downloaded and verified
Files already downloaded and verified
Epoch: 0, Accuracy: 0.3924, Cost Time: 19.64
Epoch: 1, Accuracy: 0.4435,  Cost Time: 20.41
Epoch: 2, Accuracy: 0.3805,  Cost Time: 20.12
Epoch: 3, Accuracy: 0.5108,  Cost Time: 20.31
Epoch: 4, Accuracy: 0.3423,  Cost Time: 19.87
Epoch: 5, Accuracy: 0.3617,  Cost Time: 19.85
Epoch: 6, Accuracy: 0.3857,  Cost Time: 20.17
Epoch: 7, Accuracy: 0.3699,  Cost Time: 20.03
Epoch: 8, Accuracy: 0.5308,  Cost Time: 19.40
Epoch: 9, Accuracy: 0.4849,  Cost Time: 19.96
Epoch: 10, Accuracy: 0.6236,  Cost Time: 20.31
Epoch: 11, Accuracy: 0.6354,  Cost Time: 17.88
Epoch: 12, Accuracy: 0.6488,  Cost Time: 20.28
Epoch: 13, Accuracy: 0.65,  Cost Time: 20.47
Epoch: 14, Accuracy: 0.6611,  Cost Time: 19.83
Epoch: 15, Accuracy: 0.6585,  Cost Time: 19.68
Epoch: 16, Accuracy: 0.6974,  Cost Time: 20.47
Epoch: 17, Accuracy: 0.6563,  Cost Time: 20.17
```

图 6-31 单机单卡

```
local_rank 1
local_rank 0
Files already downloaded and verified
Files already downloaded and verified
Files already downloaded and verified
Files already downloaded and verified
Epoch: 0, Accuracy: 0.3715, Cost Time: 11.21
Epoch: 1, Accuracy: 0.4407,  Cost Time: 11.09
Epoch: 2, Accuracy: 0.4686,  Cost Time: 11.65
Epoch: 3, Accuracy: 0.4177,  Cost Time: 11.03
Epoch: 4, Accuracy: 0.4909,  Cost Time: 11.08
Epoch: 5, Accuracy: 0.5268,  Cost Time: 11.06
Epoch: 6, Accuracy: 0.5356,  Cost Time: 11.16
Epoch: 7, Accuracy: 0.5551,  Cost Time: 11.18
Epoch: 8, Accuracy: 0.4492,  Cost Time: 11.01
Epoch: 9, Accuracy: 0.6012,  Cost Time: 11.05
Epoch: 10, Accuracy: 0.6496,  Cost Time: 10.95
Epoch: 11, Accuracy: 0.6564,  Cost Time: 11.11
Epoch: 12, Accuracy: 0.666,  Cost Time: 11.54
Epoch: 13, Accuracy: 0.6545,  Cost Time: 11.33
Epoch: 14, Accuracy: 0.6827,  Cost Time: 11.16
```

图 6-32 单机双卡

```
local_rank 1
local_rank 3
local_rank 2
local_rank 0
Files already downloaded and verified
Files already downloaded and verified
Files already downloaded and verified
Files already downloaded and verified
Files already downloaded and verified
Files already downloaded and verified
Files already downloaded and verified
Epoch: 0, Accuracy: 0.317, Cost Time: 6.50
Epoch: 1, Accuracy: 0.413,  Cost Time: 5.71
Epoch: 2, Accuracy: 0.4438,  Cost Time: 6.00
Epoch: 3, Accuracy: 0.4862,  Cost Time: 6.00
Epoch: 4, Accuracy: 0.5032,  Cost Time: 5.76
Epoch: 5, Accuracy: 0.5083,  Cost Time: 5.68
Epoch: 6, Accuracy: 0.5201,  Cost Time: 5.76
Epoch: 7, Accuracy: 0.539,  Cost Time: 5.79
Epoch: 8, Accuracy: 0.5428,  Cost Time: 5.73
```

图 6-33　单机四卡

```
local_rank 4
local_rank 2
local_rank 0
local_rank 3
local_rank 1
local_rank 5
Files already downloaded and verified
Files already downloaded and verified
Files already downloaded and verified
Files already downloaded and verified
Files already downloaded and verified
Files already downloaded and verified
Files already downloaded and verified
Files already downloaded and verified
Files already downloaded and verified
Files already downloaded and verified
Files already downloaded and verified
Files already downloaded and verified
Epoch: 0, Accuracy: 0.1633, Cost Time: 4.26
Epoch: 1, Accuracy: 0.3953,  Cost Time: 4.40
Epoch: 2, Accuracy: 0.4288,  Cost Time: 3.96
```

图 6-34　单机六卡

　　将 4 组实验结果与多机多卡实验做对比,可见在本次实验中单机多卡比多机多卡性能高很多。将 4 组实验的 epoch 平均耗时制成图表,如图 6-35 所示,可以看到随着 GPU 数量的增加,其耗时并不是线性降低的,而是边际效益递减的。

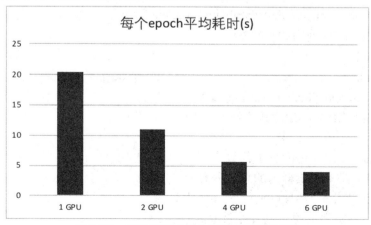

图 6-35　不同数量 GPU 卡训练耗时的对比

　　如果能够继续训练下去,会发现不同数量 GPU 训练时其准确率变化存在一些区别,但这些区别不是有规律的,而与很多因素相关,如批处理大小、学习率(当批处理数量变大时,学习率可以适当调大)、Batch Normalization 更新方式(同步或异步)。感兴趣的读者可以更加深入地研究下去。

　　本项目围绕 GPU 在深度学习中的应用,介绍了 GPU 在深度学习中的作用、选型及 GPU 通信的基本知识,并通过基于 PyTorch 的单卡、单机单卡和多机多卡实验,对 GPU 并行训练方法和限制因素进行了介绍,最后介绍了 GPU 虚拟化概念及方法。

Graphics Processing Units	GPU	launch	启动
data parallelism	数据并行	model parallelism	模型并行
hybrid parallelism	混合并行	virtualization	虚拟化
single-machine	单机	multi-machine	多机
distribute	分发		

1. 选择题

　　(1)当使用 torch.nn.parallel.DistributedDataParallel 进行单机多卡并行训练时,(　　)参数能让进程知道应该使用哪个 GPU。

　　A. locak_rank　　　　　　　　　　　　B. nnodes

　　C. node_rank　　　　　　　　　　　　 D. nproc_per_node

　　(2)使用 torch.nn.parallel.DistributedDataParallel 进行并行训练时,需要使用 init_process_group(　)初始化,其中对该方法参数的正确理解是(　　)。

　　A. backend 默认值是 nccl

　　B. world_size 是单机内的总进程数

　　C. world_size 是多机集群内的总进程数

　　D. 无论什么情况下,都最好使用 nccl 作为后端

　　(3)(　　)不是常见的人工智能服务器。

A.四卡服务器　　　　B.八卡服务器　　　　C.十六卡服务器　　　　D.三十二卡服务器

（4）深度学习并行的效率可能会受（　　　）因素的制约。

A. CPU　　　　　　　　　　　　　　　B. GPU

C. 网络传输速度　　　　　　　　　　D. 以上三项都是

（5）（　　　）虚拟化方法不能实现对把一块 GPU 分成多个 vGPU。

A. 直通　　　　　　　　　　　　　　B. 基于 SRIOV 的 GPU 虚拟化

C. NVIDIA GRID　　　　　　　　　　D. 阿里云的 cGPU

2. 简答题

（1）简述单机多卡和多机多卡训练时，GPU 相互间如何通信。

（2）简述人工智能平台中，GPU 虚拟化的作用。

项目七　容器编排工具及 Kubernetes

通过对容器编排必要性的学习，引入对容器编排工具的理解，了解常见的 3 种容器编排工具，包括 Swarm、Kubernetes 和 Mesos。以 Kubernetes 为学习重点，了解 Kubernetes 集群架构，了解集群配置要求，并能够使用 Kubeadm 构建 Kubernetes 集群，使用 Kubernetes dashboard 管理集群。在任务实施过程中：

● 了解容器编排工具相关知识；
● 熟悉 Kubernetes 架构；
● 掌握 Kubernetes 集群部署方法；
● 具有 Kubernetes 集群部署及扩容的能力。

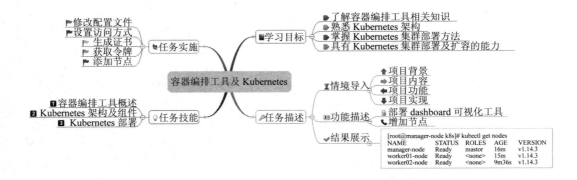

【情境导入】

相对于物理机和虚拟机而言,容器是轻量化的技术,意味着在等量资源的基础上能创建出更多的容器实例。面对分布在多台主机上且拥有成百上千个容器规模时,传统或单机的容器管理方式就会变得力不从心。

另一方面,由于为微服务提供了越来越完善的原生支持,容器集群中的容器粒度越来越小、数量越来越多。在这种情况下,容器或微服务都需要接受管理并有序接入外部环境,从而实现调度、负载均衡以及分配等任务。如何简单而高效地管理容器实例,是人工智能平台实施人员应该掌握的知识基础。

面对增长的资源要求,本项目通过对 Kubernetes 集群的扩容,完成资源的横向扩展。

【功能描述】

● 部署 dashboard 可视化工具。
● 增加节点。

【结果展示】

通过本项目的学习,能够使用 Kubeadm 实现节点增加操作, 3 节点集群效果图如图 7-1 所示。

```
[root@manager-node k8s]# kubectl get nodes
NAME            STATUS    ROLES      AGE      VERSION
manager-node    Ready     master     16m      v1.14.3
worker01-node   Ready     <none>     15m      v1.14.3
worker02-node   Ready     <none>     9m36s    v1.14.3
```

图 7-1 3 节点集群效果图

技能点一 容器编排工具概述

1. 容器编排工具介绍

编排(Orchestration)是指根据被部署对象之间的耦合关系以及被部署对象对环境的依

赖,制定部署流程中各个动作的执行顺序,部署过程所需要的依赖文件和被部署文件的存储位置和获取方式以及验证部署成功的操作。这些信息都会在编排工具中以指定的格式(如配置文件或特定代码)来要求运维人员定义并保存起来,从而保证这个流程能够随时在全新环境中可靠有序地重现出来。从功能上讲,容器编排需要完成如下自动化管理任务置备和部署,配置和调度,资源分配,保证容器可用性,根据平衡基础架构中的工作负载而扩展或删除容器,负载平衡和流量路由,监控容器的健康状况,根据运行应用的容器来配置应用,保证容器间的交互安全。

容器集群管理工具能在一组服务器上管理多容器组合成的应用,每个应用集群在容器编排工具看来是一个部署或管理实体,其分层结构如图 7-2 所示。

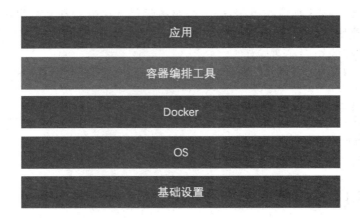

图 7-2　平台结构图示例

2. 常见容器编排工具

容器编排工具提供了用于大规模管理容器和微服务架构的框架,常见的工具包括 Swarm、Kubernetes 和 Mesos 等。

1)Swarm

Swarm 是 Docker 公司在 2014 年 12 月初发布的容器管理工具。Swarm 入门简单,适用于中小型系统的集群管理,可以使用 docker-compose,swarm,overlay 和服务发现工具(例如 etcd 或 consul)的组合来管理 Docker 容器集群,如图 7-3 所示。

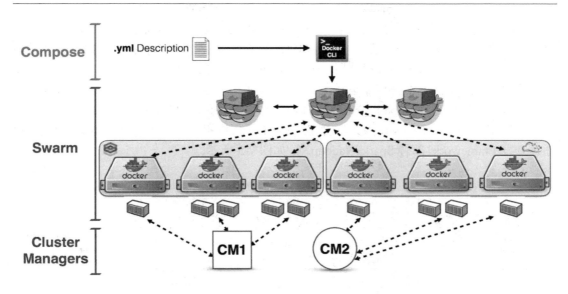

图 7-3 以 Swarm 为容器编排工具的容器云架构举例

2）Kubernetes

Kubernetes 是谷歌（Google）公司开源的容器集群管理系统，高度通用，拥有最活跃的社区，适用于中小型集群，Kubernetes 的模块更多更细，学习门槛较高。但是当需要部署多场景的复杂业务时，Kubernetes 细粒度设计的优势就会愈加明显，它能够根据需要灵活组合，加以定制。图 7-4 所列出的是一个使用 Kubernetes 为容器编排工具的人工智能平台。

当集群规模为几千或更高时，Kubernetes 会到达规模瓶颈，需要更高的 IT 能力进行定制化。

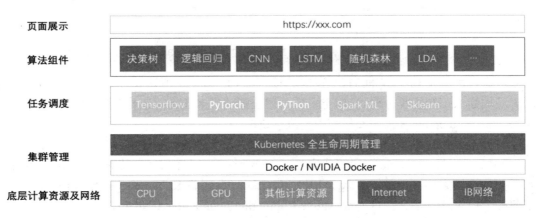

图 7-4 以 Kubernetes 为容器编排工具的人工智能平台架构举例

3）Mesos

Mesos 是 Apache 下的开源分布式资源管理框架，最初是由加州大学伯克利分校的 AMPLab 开发的，后在 Twitter（推特）得到广泛使用，适用于大型系统，当集群节点成千上万时，Marathon+Mesos 可能更受欢迎。

Mesos 是一个优秀的调度器,它的双层调度机制可以使得集群规模扩大很多,而且 Mesos 的架构相对松耦合,有很多可以定制化的地方,运维人员可以根据自己的需要开发自己的模块,很多 IT 能力强的公司使用 Marathon 和 Mesos 进行开发。

严格地说,Mesos 不是容器编排工具,而是集群管理工具。Mesos 也不是为 Docker 而生的,它产生的初衷是为 Spark 做集群管理,甚至 Kubernetes 也可以运行在 Mesos 之上。在一些大数据平台中, Mesos 作为集群管理工具,下层可以用于 VM 或物理机群集,上层可以通过开发 Framework,部署 Spark、Hadoop 等,如图 7-5 所示。

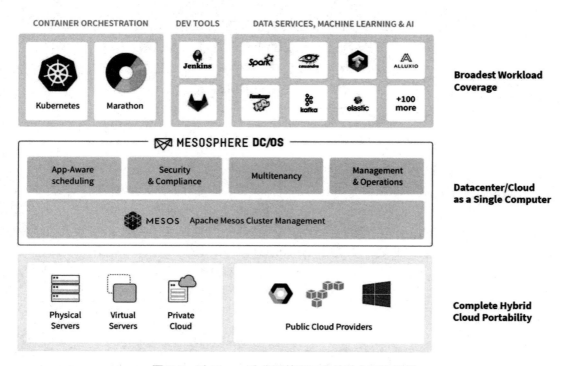

图 7-5　以 Mesos 为集群管理工具的平台架构举例

没有完美的工具,只有面向业务环境更适合的工具,以上所述 3 种工具只是使用技术不同。当构建人工智能平台时,目前更多的公司选择使用 Kubernetes 作为容器集群管理工具,本书也将以 Kubernetes 为主要研究对象进行讲解。

3. 容器编排工具市场占有率

2014 年 6 月, Google 公司正式宣告了 Kubernetes 项目的诞生,其前身是内部使用了十几年的大规模集群管理系统 Borg。2015 年,Google 公司将 Kubernetes 捐赠给 Linux 基金会下属的云原生计算基金会(Cloud Native Computing Foundation,CNCF)。

容器编排工具的市场竞争近年来逐渐偏向 Kubernetes,2019 年容器创业公司 Sysdig 以 200 多万个部署在企业生产环境中的容器使用情况为调研基础数据,发布了 2019 年容器使用报告。报告显示,Kubernetes 占据了容器编排工具市场占有率的 77%,Swarm 从 2018 年的 11% 跌落至 5%,Mesos 仍保持 4%,其中 Openshift 有 9% 的占有率,这一工具也是以 Kubernetes 作为底层,容器使用报告如图 7-6 所示。

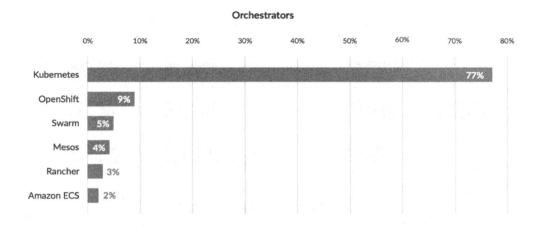

图 7-6　Sysdig 发布的 2019 年容器使用报告

在使用 Kubernetes 后,使用者可以摒弃与业务无关的底层代码和功能模块,降低开发成本。它可以运行在物理机、虚拟机集群或者企业私有云上,也可以被托管在公有云上。

Kubernetes 具有较为完备的集群管理能力,包括多层次的安全防护和准入机制、多租户应用支撑能力、服务注册和服务发现机制、智能负载均衡器、故障发现和自我修复能力、服务滚动升级和在线扩容能力、资源自动调度机制以及资源配额管理能力。同时,Kubernetes 提供了较为完善的管理工具,这些工具涵盖了包括开发、部署测试、运维监控在内的各个环节,并且不局限于编程语言和编程接口,具体来说如下。

● 多租户应用支撑:通过组的概念实现不同的分组在共享集群资源同时还能被分别管理。

● 服务发现:可以通过自动发现的形式找到它依赖的服务。

● 负载均衡:如果一个服务启动了多个容器,可以自动实现请求的负载均衡。

● 自我修复:一旦容器崩溃,可以在 1 s 左右迅速启动新容器。

● 弹性伸缩:可以根据需求自动对集群中正在运行的容器数量进行调整。

● 版本回退:如果发现新发布的程序版本有问题,可以立即回退到旧版本。

● 存储编排:可以根据容器自身的需求自动创建存储卷。

Kubernetes 逐渐成为很多公司在人工智能平台选型时的编排工具,其架构在很多其他开源或未开源工具中也有体现,带给实施和运维人员操作上的方便。

技能点二　Kubernetes 架构及组件

1. Kubernetes 集群类型

Kubernetes 集群一般分为两类:一主多从和多主多从,如图 7-7 所示。

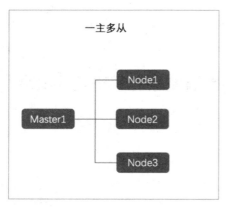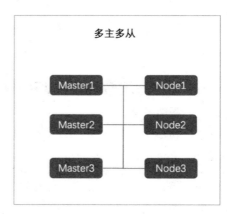

图 7-7　Kubernetes 集群的两种类型

● 一主多从,即一台 Master 节点和多台 Node 节点,搭建简单,有单机故障风险,适合用于测试环境。

● 多主多从,即多台 Master 节点和多台 Node 节点,搭建略复杂,安全性高,适合用于生产环境。

2. Kubernetes 架构

正式学习 Kubernetes 架构之前,Pod 是不得不提的基础概念,它是由若干个容器构成的容器组(Pod 在英文中是豆荚的意思,容器组就像是很多豆子的集合),也是 Kubernetes 中能够被创建、调度和管理的最小单元。也就是说,Kubernetes 不能直接操作容器,只能操作容器组(Pod)。

Pod 的概念比较复杂,它涉及 Kubernetes 的其他概念,如 service、label、namespace 等,这些内容将在教材的高级部分详述,此处只需要了解 Pod 的概念。Pod 与容器的关系如图 7-8 所示,Pod 中的容器运行在同一个逻辑主机上,一个 Pod 中可以有一个或多个容器。

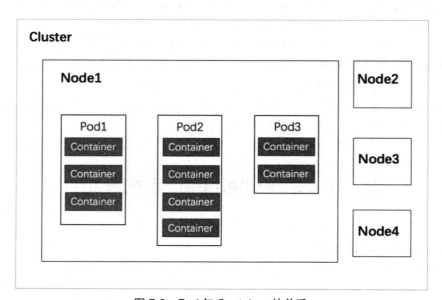

图 7-8　Pod 与 Container 的关系

理解 Pod 之后就可以对 Kubernetes 进行探讨了，Kubernetes 的总架构图如图 7-9 所示。

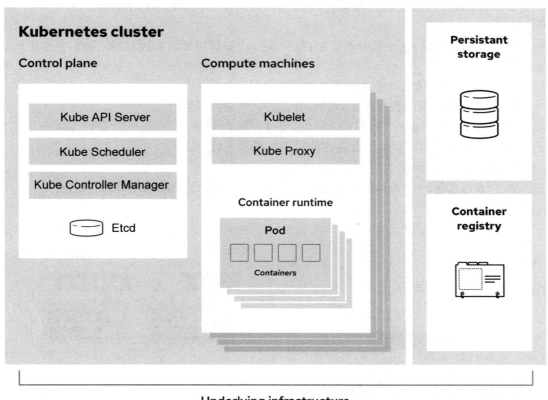

图 7-9　Kubernetes 集群架构图

由架构图可见，Kubernetes 运行在节点之上，这些节点可以是物理机，也可以是虚拟机，或是私有云，或公有云中的虚拟机。

Kubernetes 将集群的节点分为 Master 和 Node。其中 Master 节点也叫控制平面，负责集群的决策，Node 节点也叫计算节点，负责实际的运算。

由于 Master 和 Node 的分工不同，其运行的组件也不同。Master 上运行 etcd、API Server、Controller Manager 和 Scheduler 4 个组件，其中后 3 个组件构成了 Kubernetes 的总控中心，负责对集群中所有资源进行管控和调度。每个 Node 上都会运行 Kubelet、Proxy 和 Docker Daemon 3 个组件，负责对本节点上的 Pod 生命周期进行管理以及实现服务代理的功能。另外，在所有节点上都可以运行 Kuberctl 命令行工具，提供 Kubernetes 的集群管理工具集。

具体来说，Master 节点是集群的控制平面，负责集群的决策。

● API Server: 是资源操作的唯一入口,用来接收用户输入的命令,其他所有组件都必须通过它提供的 API 来操作资源数据。

● Scheduler: 负责集群资源调度,按照预定的调度策略将 Pod 调度到相应的 Node 节点上。

● Controller Manager: 负责维护集群的状态,比如程序部署安排、故障检测、自动扩展、滚动升级等。

● Etcd: 负责存储集群中各种资源对象的信息。

Node 节点是集群的数据平面,负责为容器提供运行环境。

● Kubelet: 负责维护容器的生命周期,通过控制 Docker 来创建、更新、销毁容器。

● KubeProxy: 负责提供集群内部的服务发现和负载均衡。

● Docker: 负责节点上容器的各种操作。

图 7-10 以部署一个 nginx 服务的例子来说明各个组件之间的调用关系和过程。

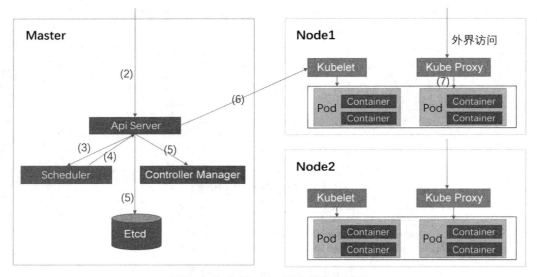

图 7-10　部署 nginx 服务的调度过程

当用户发送一个部署 nginx 服务后,在 Kubernetes 集群中会产生以下动作。

(1)Kubernetes 环境启动之后,Master 和 Node 都会将自身的信息存储到 Etcd 数据库中。

(2)nginx 服务的安装请求发送到 Master 节点的 API Server 组件。

(3)API Server 调用 Scheduler 来决定服务安装至哪个 Node 节点。

(4)此时, Scheduler 从 Etcd 读取各个 Node 节点的信息,然后按照一定算法进行选择,并把结果返回 API Server。

(5)API Server 调用 Controller Manager 去调度 Node 节点安装 nginx 服务,将更新的 Node 信息存储到 Etcd 数据库中。

(6)Node 节点中的 Kubelet 接到指令后,使用 Docker 来启动一个 nginx 的 Pod。

(7)Kube Proxy 对 Pod 产生访问的代理,至此,外界用户就可以访问集群中的 nginx 服务了。

技能点三　Kubernetes 部署

1. Kubernetes 集群配置要求

Kubernetes 集群规模可大可小，最大可以使用千台节点，在实际部署时需要根据用户需求进行调整。当对集群规模要求不高时，可以参考 Kubernetes 集群的最低配置和推荐配置，如表 7-1 所示。

表 7-1　安装 Kubernetes 对软件和硬件的系统要求

软硬件	最低配置	推荐配置
CPU 和内存	Master: 至少 2 core，4 GB 内存 Node: 至少 4 core，16 GB 内存	Master: 4 core，16 GB 内存 Node: 根据需要运行的容器数量进行配置
Linux 操作系统	基于 x86_64 架构的各种 Linux 发行版本，包括 Ubuntu、CentOS、Red Hat Linux、Fedora 等，Kernel 版本要求在 3.10 及以上，也可以在 Googk 公司的 GCE 或亚马逊（Amazon）公司的 AWS 云平台上进行安装	Red Hat Linux 7 Centos 7
Etcd	3.0 版本及以上	
Docker	18.03 版本及以上	

以下以构造一个一主一从的简单集群为例说明部署步骤。在这个集群中，节点的操作系统定为 Centos。

在学习集群安装时，可以任意使用两个装有 Centos 系统的节点，如表 7-2 所示。这 3 个节点可以是 2 台物理机，也可以是 2 个虚拟机，只需要满足上述的软硬件最低配置，并将机器处于同一网段可以相互通信即可。

表 7-2　Kubernetes 示例集群配置

作用	IP 地址	操作系统
Master	10.0.37.97	Centos
Node	10.0.37.94	Centos

本次 Kubernetes 集群组件安装的版本，如表 7-3 所示。

表 7-3　Kubernetes 组件安装版本

组件	版本
Kubelet	1.14.3

组件	版本
Kubeadm	1.14.3
kubectl	1.14.3
Calico	3.8
Kubernetes dashboard	2.0
Docker	18.09

2. YAML 语言介绍

YAML 是一个类似 XML、JSON 的标记性语言,强调以数据为中心,而不是以语言为中心。YAML 已经成为 docker-compse、SDN、Kubernetes、openstack 等多种"云工具"的常用配置语言,在部署和使用 Kubernetes 时不可避免地要使用 YAML。YAML 支持 3 种数据类型,如表 7-4 所示。

表 7-4　YAML 支持的数据类型

组件	版本
纯量	单个的、不可再分的值,包括字符串、布尔值、整数、浮点数、null、时间、日期等
对象	键值对的集合,形式为 key: value
列表	一个 key 对应多个 value 值

在书写 YAML 时需要注意:①大小写敏感;②使用缩进表示层级关系;③缩进不能使用(Tab)键,只可使用空格,缩进的空格数不重要,只要相同层级的元素左对齐即可;④ key: value 在书写时中间必须加空格;⑤ '#' 表示注释。

使用 YAML 语言描述一个 Pod,该文件命名为 pod-test.yaml。其中,v1 和 Pod 两个值映射到 apiVersion 和 kind 两个键值。metadata 使用嵌套格式,其值是两个键值对。container 的值是一个列表,每个 container 包含的内容不同,代码 CORE0701 如下所示。

```
代码 CORE0701

apiVersion: v1
kind: Pod
metadata:
  name: nginx-test
  labels:
app: web
environment: dev
spec:
  containers:
   - name: nginx
```

```
    image: nginx:1.18.1
    ports:
      - containerPort: 80
  - name: rss-reader
    image: nickchase/rss-php-nginx:v1
    ports:
      - containerPort: 88
```

在 Kubernetes 的操作中会使用 YAML 文件,需要能够对 YAML 文件进行创建、修改、删除操作。

通过上面的学习已经对 Kubernetes 有了一定的了解,使用以下步骤初始化集群安装环境并安装 Kubernetes 集群,之后安装基于 web 的 Kubernetes 可视化管理工具(dashboard),并在建立的二节点集群中增加一个 node 节点,使之变为三节点集群。

第一步:检查操作系统版本是否为 Centos,代码 CORE0702 如下所示。

代码 CORE0702
[root@localhost ~]# cat /etc/redhat-release

操作系统版本如图 7-11 所示。

```
[[root@localhost ~]# cat /etc/redhat-release
CentOS Linux release 7.4.1708 (Core)
```
图 7-11　操作系统版本

第二步:主机名解析。

为方便后面集群节点间的直接调用,可以先配置主机名解析,在企业中推荐使用内部 DNS 服务器,vi /etc/hosts 后,添加代码 CORE0703 所示内容。

代码 CORE0703
10.0.37.97　　manager-node
10.0.37.94　　worker01-node

第三步:配置时间同步。

Kubernetes 要求集群中的节点时间必须精确一致,在企业中建议配置内部的时间同步服务器,测试环境可以使用 chronyd 服务从网络同步时间,代码 CORE0704 如下所示。

代码 CORE0704
在 centos 中使用 yum 安装 chrony
[root@localhost ~]# yum install chrony

```
# 启动 chrony 服务
[root@localhost ~]# systemctl start chronyd
# 设置 chronyd 服务开机自启
[root@localhost ~]# systemctl enable chronyd
# 查看时间
[root@localhost ~]# date
```

第四步：禁用 iptables 和 firewalld 服务。

Kubernets 和 Docker 在运行时会产生大量的 iptables 规则，为了不让系统规则混淆，可以直接关闭，代码 CORE0705 如下所示。

代码 CORE0705

```
# 关闭防火墙
[root@localhost ~]# systemctl stop firewalld
# 设置防火墙开机关闭
[root@localhost ~]# systemctl disable firewalld
# 关闭 iptables
[root@localhost ~]# systemctl stop iptables
# 设置 iptables 开机关闭
[root@localhost ~]# systemctl disable iptables
```

第五步：禁用 selinux。

selinux 是 Linux 系统下的一个安全服务，禁用后容器可以读取主机文件。代码 CORE0706 如下所示。

代码 CORE0706

```
[root@localhost ~]# setenforce 0
[root@localhost ~]# sed -i "s/SELINUX=enforcing/SELINUX=disabled/g" /etc/selinux/config
```

第六步：禁用 swap 分区。

swap 分区是虚拟内存分区，会在物理内存使用完之后将磁盘空间虚拟成内存来使用。如果启动 swap 设备，可能会对系统性能产生非常负面的影响，因此需要在每个节点禁用 swap 设备。如果因为某些原因不能关闭 swap 分区，需要在集群安装过程中通过参数进行配置说明，代码 CORE0707 如下所示。

代码 CORE0707

```
[root@localhost ~]# swapoff -a
[root@localhost ~]# cp /etc/fstab /etc/fstab_bak
[root@localhost ~]# cat /etc/fstab_bak |grep -v swap > /etc/fstab
```

第七步：设置路由，代码 CORE0708 如下所示。

代码 CORE0708

```
# 增加配置
[root@localhost ~]# cat <<EOF > /etc/sysctl.d/k8s.conf
net.ipv4.ip_forward=1
net.bridge.bridge-nf-call-ip6tables = 1
net.bridge.bridge-nf-call-iptables = 1
EOF
# 加载
[root@localhost ~]# sysctl --system
```

执行过程不报错即可，路由配置结果如图 7-12 所示。

```
[[root@localhost ~]# sysctl --system
* Applying /usr/lib/sysctl.d/00-system.conf ...
net.bridge.bridge-nf-call-ip6tables = 0
net.bridge.bridge-nf-call-iptables = 0
net.bridge.bridge-nf-call-arptables = 0
* Applying /usr/lib/sysctl.d/10-default-yama-scope.conf ...
kernel.yama.ptrace_scope = 0
* Applying /usr/lib/sysctl.d/50-default.conf ...
kernel.sysrq = 16
kernel.core_uses_pid = 1
net.ipv4.conf.default.rp_filter = 1
net.ipv4.conf.all.rp_filter = 1
net.ipv4.conf.default.accept_source_route = 0
net.ipv4.conf.all.accept_source_route = 0
net.ipv4.conf.default.promote_secondaries = 1
net.ipv4.conf.all.promote_secondaries = 1
fs.protected_hardlinks = 1
fs.protected_symlinks = 1
* Applying /etc/sysctl.d/99-sysctl.conf ...
* Applying /etc/sysctl.d/k8s.conf ...
net.ipv4.ip_forward = 1
net.bridge.bridge-nf-call-ip6tables = 1
net.bridge.bridge-nf-call-iptables = 1
* Applying /etc/sysctl.conf ...
```

图 7-12　路由配置结果

第八步：安装 Docker。

这一部分在之前已经说明，不再复述。需要注意的是，Docker 在默认情况下使用的 Cgroup Driver 是 cgroupfs，Kubernetes 推荐使用 systemd。vi /etc/docker/daemon.json 后（没有就新创建一个），添加代码 CORE0709 所示启动项参数，然后 systemctl restart docker 重启 Docker。

代码 CORE0709

```
{
    "exec-opts": ["native.cgroupdriver=systemd"]
}
```

或使用如下代码 CORE0710。

代码 CORE0710

```
# 添加配置
[root@localhost ~]# cat > /etc/docker/daemon.json <<EOF
{
```

```
    "exec-opts": ["native.cgroupdriver=systemd"],
    "log-driver": "json-file",
    "log-opts": {
    "max-size": "100m"
    },
    "storage-driver": "overlay2",
    "registry-mirrors":[
        "http://hub-mirror.c.163.com",
        "https://docker.mirrors.ustc.edu.cn",
        "https://registry.docker-cn.com"]
    }
EOF
[root@localhost ~]# mkdir -p /etc/systemd/system/docker.service.d
# 重启 docker.
[root@localhost ~]# systemctl daemon-reload
[root@localhost ~]# systemctl restart docker
[root@localhost ~]# systemctl enable docker.service
```

第九步：首先在所有节点安装 Kubelet、Kubeadm 和 Kubectl，在安装之前，需要先准备好 Kubernetes 的 yum 源，如果可以访问 Google 网站，则建议使用官方源，如果不能，可以尝试其他源如阿里云。代码 CORE0711 如下所示。

代码 CORE0711

```
[root@localhost ~]# cat <<EOF > /etc/yum.repos.d/kubernetes.repo
[kubernetes]
name=Kubernetes
baseurl=http://mirrors.aliyun.com/kubernetes/yum/repos/kubernetes-el7-x86_64
enabled=1
gpgcheck=1
repo_gpgcheck=0
gpgkey=http://mirrors.aliyun.com/kubernetes/yum/doc/yum-key.gpg
http://mirrors.aliyun.com/kubernetes/yum/doc/rpm-package-key.gpg
EOF
```

配置完成后，进行安装步骤，代码 CORE0712 如下所示。

代码 CORE0712

```
[root@localhost ~]# yum install -y kubelet-1.14.3 kubeadm-1.14.3 kubectl-1.14.3
# 启动并设置 kubelet 开机启动
[root@localhost ~]# systemctl start kubelet
```

```
[root@localhost ~]# systemctl enable --now kubelet
```

第十步：初始化 Master 节点。

Kubeadm 将配置文件以 configmap 的形式进行定义。使用 kubeadm config print init-defaults 可以查看最简单的 kubeadm init 默认参数文件的内容。

执行 kubeadm config print init-defaults > k8s-defaults.yaml 获得默认初始化参数文件，也可以在文件中更改配置，打开 k8s-defaults.yaml 配置文件修改相关配置，并加载配置，代码 CORE0713 如下所示。

代码 CORE0713

```
[root@localhost ~]# kubeadm config print init-defaults > k8s-defaults.yaml
[root@localhost ~]# vim k8s-defaults.yaml # 修改以下
kind: InitConfiguration
localAPIEndpoint:
    advertiseAddress: 10.0.37.97        #Master 节点的 IP
    bindPort: 6443
nodeRegistration:
    criSocket: /var/run/dockershim.sock
    name: manager-node              # 修改为 IP 地址或域名，域名必须保证能解析
    ......
etcd:
    local:
        dataDir: /var/lib/etcd      # 把 etcd 容器的目录挂载到本地的 /var/lib/etcd 目录下，
防止数据丢失
    imageRepository: registry.cn-hangzhou.aliyuncs.com/google_containers        # 镜像仓库地
址，可修改为国内镜像地址
[root@localhost ~]# kubeadm init --config k8s-defaults.yaml
```

Master 节点初始化结果如图 7-13 所示。

```
Your Kubernetes control-plane has initialized successfully!

To start using your cluster, you need to run the following as a regular user:

  mkdir -p $HOME/.kube
  sudo cp -i /etc/kubernetes/admin.conf $HOME/.kube/config
  sudo chown $(id -u):$(id -g) $HOME/.kube/config

You should now deploy a pod network to the cluster.
Run "kubectl apply -f [podnetwork].yaml" with one of the options listed at:
  https://kubernetes.io/docs/concepts/cluster-administration/addons/

Then you can join any number of worker nodes by running the following on each as
 root:

kubeadm join 10.0.37.97:6443 --token abcdef.0123456789abcdef \
    --discovery-token-ca-cert-hash sha256:ecaf8519442d3e1141bef865be2ab9c4acc5a6
7607224358457aeb19bc7cba38
```

图 7-13　Master 节点初始化结果

根据提示,在 Master 节点创建必要文件,代码 CORE0714 如下所示。

代码 CORE0714

```
[root@localhost ~]# mkdir -p $HOME/.kube
[root@localhost ~]# sudo cp -i /etc/kubernetes/admin.conf $HOME/.kube/config
[root@localhost ~]# sudo chown $(id -u):$(id -g) $HOME/.kube/config
```

使用 docker ps -a 命令检查容器,使用 kubectl get nodes 命令查看节点信息,此时可以看到 Master 节点信息。

```
[root@manager-node k8s]# kubectl get nodes
NAME                    STATUS      ROLES     AGE    VERSION
manager-node            NotReady    master    31s    v1.14.3
```
图 7-14　集群中的 Master 节点信息

第十一步:将自节点加入集群,该命令如图 7-13 所示,每次安装 token 等都不一致,根据实际情况修改,代码 CORE0715 如下所示。

代码 CORE0715

```
[root@worker01-node ~]# kubeadm join 10.0.37.97:6443 --token abcdef.0123456789abc
def \
        --discovery-token-ca-cert-hash    sha256:ecaf8519442d3e1141bef865be2ab9c4ac
c5a67607224358457aeb19bc7cba38
```

此时再次使用 kubectl get nodes 在 Master 节点查看信息,可以发现 Node 节点已经加入,如图 7-15 所示。但由于没有安装网络插件,节点的状态为 NotReady。

```
[root@manager-node k8s]# kubectl get nodes
NAME                    STATUS      ROLES     AGE    VERSION
manager-node            NotReady    master    18m    v1.14.3
worker01-node           NotReady    <none>    14m    v1.14.3
```
图 7-15　集群节点信息

第十二步:安装网络插件。

Kubenetes 集群必须安装网络插件,令 Pod 可以相互通信。Kubernetes 支持多种网络插件,比如 Flannel、Calico 等,此处选择使用 Calico。这一步骤只需要在 Master 节点上进行操作即可,代码 CORE0716 如下所示。

代码 CORE0716

```
# 下载 calico
[root@localhost ~]# mkdir calico && cd calico
[root@localhost calico]# wget https://docs.projectcalico.org/v3.8/manifests/calico.yaml

# 启动 calico
[root@localhost ~]# kubectl apply -f calico.yaml
```

网络插件安装结果如图 7-16 所示。

```
[[root@manager-node calico]# kubectl apply -f calico.yaml
configmap/calico-config created
customresourcedefinition.apiextensions.k8s.io/felixconfigurations.crd.projectcalico.org created
customresourcedefinition.apiextensions.k8s.io/ipamblocks.crd.projectcalico.org created
customresourcedefinition.apiextensions.k8s.io/blockaffinities.crd.projectcalico.org created
customresourcedefinition.apiextensions.k8s.io/ipamhandles.crd.projectcalico.org created
customresourcedefinition.apiextensions.k8s.io/ipamconfigs.crd.projectcalico.org created
customresourcedefinition.apiextensions.k8s.io/bgppeers.crd.projectcalico.org created
customresourcedefinition.apiextensions.k8s.io/bgpconfigurations.crd.projectcalico.org created
customresourcedefinition.apiextensions.k8s.io/ippools.crd.projectcalico.org created
customresourcedefinition.apiextensions.k8s.io/hostendpoints.crd.projectcalico.org created
customresourcedefinition.apiextensions.k8s.io/clusterinformations.crd.projectcalico.org created
customresourcedefinition.apiextensions.k8s.io/globalnetworkpolicies.crd.projectcalico.org created
customresourcedefinition.apiextensions.k8s.io/globalnetworksets.crd.projectcalico.org created
customresourcedefinition.apiextensions.k8s.io/networkpolicies.crd.projectcalico.org created
customresourcedefinition.apiextensions.k8s.io/networksets.crd.projectcalico.org created
clusterrole.rbac.authorization.k8s.io/calico-kube-controllers created
clusterrolebinding.rbac.authorization.k8s.io/calico-kube-controllers created
clusterrole.rbac.authorization.k8s.io/calico-node created
clusterrolebinding.rbac.authorization.k8s.io/calico-node created
daemonset.apps/calico-node created
serviceaccount/calico-node created
deployment.apps/calico-kube-controllers created
serviceaccount/calico-kube-controllers created
```

图 7-16　网络插件安装结果

此时使用 kubectl get nodes 命令查看集群节点状态（根据性能会需要一段时间启动），若节点都处于 Ready 状态，则 Kubernetes 的集群环境搭建成功，结果如图 7-17 所示。

```
[root@manager-node k8s]# kubectl get nodes
NAME              STATUS    ROLES      AGE      VERSION
manager-node      Ready     master     10m      v1.14.3
worker01-node     Ready     <none>     9m46s    v1.14.3
```

图 7-17　集群节点信息

第十三步：确认组件运行状态。

在 Kubernetes 集群中 kube apiserver、kube scheduler 等各组件各司其职，在集群中它们也是以 pod 形式存在的。查看 pod 信息可以使用 kubectl get pods 命令，例如查看集群中所有命名空间中的 pods 信息，在 master 上执行，代码 CORE0717 如下所示。

代码 CORE0717

[root@localhost calico]# kubectl get pods --all-namespaces -o wide

如果成功执行则所有 pods 都处于 Running 状态已经运行，由于在启动过程中需要拉取镜像，需要耐心等待。另外，在网络安装成功之前，CoreDNS 将不会启动。集群 pods 结果如图 7-18 所示。

如果由于网络原因或其他原因，某个 pod 没用启动成功，可以使用 kubectl describe pod 命令进行查看。在该命令中，需要加入 namespace 参数，namespace 是 Kubernetes 中的命名空间，命名空间彼此隔离。例如查看 pod 名称为 calico-kube-controllers-5dc9fd7b99-lk87h 的详细信息，代码 CORE0718 如下所示。

```
[[root@manager-node calico]# kubectl get pods --all-namespaces -o wide
NAMESPACE        NAME                                         READY   STATUS    RESTARTS
kube-system      calico-kube-controllers-5dc9fd7b99-lk87h    1/1     Running   0
kube-system      calico-node-69z67                            1/1     Running   0
kube-system      calico-node-r7c44                            1/1     Running   0
kube-system      coredns-d5947d4b-ltnqp                       1/1     Running   0
kube-system      coredns-d5947d4b-vmjcs                       1/1     Running   0
kube-system      etcd-manager-node                            1/1     Running   0
kube-system      kube-apiserver-manager-node                  1/1     Running   0
kube-system      kube-controller-manager-manager-node         1/1     Running   0
kube-system      kube-proxy-28kbf                             1/1     Running   0
kube-system      kube-proxy-sc6tt                             1/1     Running   0
kube-system      kube-scheduler-manager-node                  1/1     Running   0
```

图 7-18　集群 pods 结果

代码 CORE0718
[root@localhost calico]# kubectl describe pod calico-kube-controllers-5dc9fd7b99-lk87h --namespace=kube-system

在输出内容的最下方,可以看到该 pod 的启动信息,如果启动有误,可由该信息进行排错,pod 启动信息如图 7-19 所示。

```
Events:
  Type    Reason          Age              From                   Message
  ----    ------          ---              ----                   -------
  Normal  SandboxChanged  31m (x2 over 31m) kubelet, worker01-node Pod sandbox changed, it will be killed and re-created.
  Normal  Pulled          31m              kubelet, worker01-node Container image "calico/kube-controllers:v3.8.9" already present on machine
  Normal  Created         31m              kubelet, worker01-node Created container calico-kube-controllers
  Normal  Started         31m              kubelet, worker01-node Started container calico-kube-controllers
```

图 7-19　pod 启动信息

第十四步:测试运行。当集群建好后,可以选择一个简单的例子运行,例如在介绍 YAML 语言时,我们创建了一个名为 pod-test.yaml 的文件。可以以这个文件为例进行测试,执行代码 CORE0719,成功后可返回 Welcome to nginx 的信息。

代码 CORE0719

# 创建 pod 	
$ kubectl create -f pod-test.yaml
# 使用 get 命令查看 pod 	
$ kubectl get pods
# 使用 curl 测试 nginx 服务 	
curl http://$(kubectl get pod nginx-test -o go-template={{.status.podIP}})

nginx 服务测试结果如图 7-20 所示。

```
[[root@manager-node ~]# kubectl create -f pod-test.yaml
pod/nginx-test created
[[root@manager-node ~]# kubectl get pods
NAME           READY    STATUS              RESTARTS    AGE
nginx-test     0/2      ContainerCreating   0           2s
[[root@manager-node ~]# kubectl get pods
NAME           READY    STATUS      RESTARTS    AGE
nginx-test     2/2      Running     0           9s
[[root@manager-node ~]# curl http://$(kubectl get pod nginx-test -o go-template={{.status.podIP}})
<!DOCTYPE html>
<html>
<head>
<title>Welcome to nginx!</title>
<style>
    body {
        width: 35em;
        margin: 0 auto;
        font-family: Tahoma, Verdana, Arial, sans-serif;
    }
</style>
</head>
<body>
<h1>Welcome to nginx!</h1>
<p>If you see this page, the nginx web server is successfully installed and
working. Further configuration is required.</p>

<p>For online documentation and support please refer to
<a href="http://nginx.org/">nginx.org</a>.<br/>
Commercial support is available at
<a href="http://nginx.com/">nginx.com</a>.</p>

<p><em>Thank you for using nginx.</em></p>
</body>
</html>
```

图 7-20　nginx 服务测试结果

第十五步：yaml 文件安装。如果不能下载该文件，可以先使用其他环境下载再上传至实际环境，代码 CORE0720 如下所示。

代码 CORE0720
[root@localhost ~]# kubectl apply -f https://raw.githubusercontent.com/kubernetes/dashboard/v2.0.0-beta4/aio/deploy/recommended.yaml # 如果不能直接下载，获取 yaml 文件后执行该命令 [root@localhost ~]# kubectl apply -f recommended.yaml

执行后，使用 kubectl get pods --namespace=kubernetes-dashboard -o wide 命令查看相关 pod，由于过程中需要下载镜像，需要耐心等待，一般情况下几分钟左右就可以完成，直到两个 pod 都是 Running 状态，pods 状态查看结果如图 7-21 所示。

```
[root@manager-node need]# kubectl get pods --namespace=kubernetes-dashboard -o wide
NAME                                         READY   STATUS    RESTARTS   AGE     IP               NODE           NOMINATED NODE   READINESS GATES
dashboard-metrics-scraper-5c6ff85ddd-h2r2d   1/1     Running   0          4m24s   192.168.101.4    worker01-node  <none>           <none>
kubernetes-dashboard-6cb844f4cd-ggplq        1/1     Running   0          4m24s   192.168.101.3    worker01-node  <none>           <none>
```

图 7-21　pods 状态查看结果

第十六步：设置访问方式。

dashboard 可以使用 API Server 访问，也可以使用 NodePort 的形式访问。由于 API Server 的访问较复杂，例如 http://<master　IP>:<port>/api/v1/namespaces/kube-system/serviceees/https:kubernetes-dashboard:/proxy/，因此此处改为 NodePort。

首先，查看 kubernetes-dashboard 服务，代码 CORE0721 如下所示。

代码 CORE0721

```
[root@localhost    ~]#   kubectl   --namespace=kubernetes-dashboard   get   service
kubernetes-dashboard
```

会看到此时 TYPE 字段是 ClusterIP，编辑配置，使用代码 CORE0722 打开配置文件，将
type: ClusterIP 更改为 NodePort。

代码 CORE0722

```
[root@localhost   ~]# kubectl --namespace=kubernetes-dashboard edit service kuberne-
tes-dashboard
```

保存后退出，再次查看会变为 NodeIP，如图 7-22 所示。

```
[root@manager-node ~]# kubectl --namespace=kubernetes-dashboard get service kubernetes-dashboard
NAME                    TYPE        CLUSTER-IP       EXTERNAL-IP     PORT(S)         AGE
kubernetes-dashboard    NodePort    10.111.192.196   <none>          443:31528/TCP   122m
```

图 7-22　service 状态查看

第十七步：生成证书，代码 CORE0723 如下所示。

代码 CORE0723

```
# 新建目录:
$ mkdir key && cd key

# 生成证书
$ openssl genrsa -out dashboard.key 2048

# 此处更换为自己的 IP 地址
$ openssl req -new -out dashboard.csr -key dashboard.key -subj '/CN=<master IP>'
$ openssl x509 -req -in dashboard.csr -signkey dashboard.key -out dashboard.crt

# 删除原有的证书 secret
$ kubectl delete secret kubernetes-dashboard-certs -n kubernetes-dashboard

# 创建新的证书 secret
$ kubectl create secret generic kubernetes-dashboard-certs --from-file=dashboard.key
--from-file=dashboard.crt -n kubernetes-dashboard

# 查看 pod
$ kubectl get pod -n kubernetes-dashboard

# 重启 pod
```

```
$ kubectl delete pod kubernetes-dashboard-6cb844f4cd-ggplq -n kubernetes-dashboard
```

此时再次访问 https://10.0.37.97/31528/，会提示不是私密连接，选择继续前往即可，链接打开后，如图 7-23 所示。

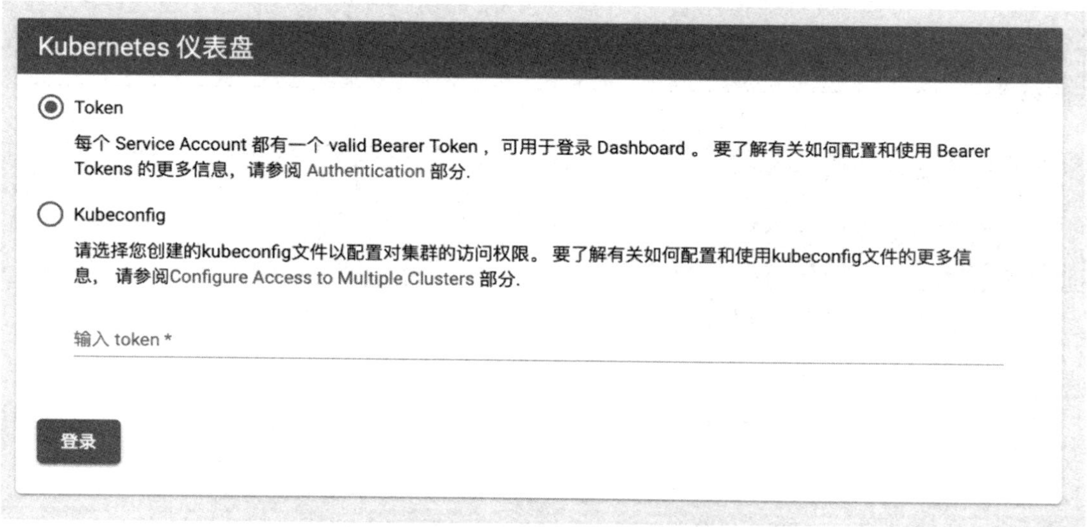

图 7-23　dashboard 页面

第十八步：新建用户获取令牌。

新建 admin-user.yaml 文件，输入代码 CORE0725 配置，执行 kubectl create -f admin-user.yaml 即可新建名为 admin-user 的用户。

代码 CORE0724

```
apiVersion: v1
kind: ServiceAccount
metadata:
  name: admin-user
  namespace: kubernetes-dashboard
```

新建 admin-user-role-binding.yaml 文件，输入下列配置，执行 kubectl create -f admin-user-role-binding.yaml 即可绑定用户关系，代码 CORE0725 如下所示。

代码 CORE0725

```
apiVersion: rbac.authorization.k8s.io/v1
kind: ClusterRoleBinding
metadata:
  name: admin-user
roleRef:
  apiGroup: rbac.authorization.k8s.io
```

```
   kind: ClusterRole
   name: cluster-admin
 subjects:
 - kind: ServiceAccount
   name: admin-user
   namespace: kubernetes-dashboard
```

获取令牌，代码 CORE0726 如下所示。

代码 CORE0726

```
$ kubectl -n kubernetes-dashboard describe secret $(kubectl -n kubernetes-dashboard get secret | grep admin-user | awk '{print $1}')
```

令牌输出结果如图 7-24 所示。

[root@manager-node my-kubeflow]# kubectl -n kubernetes-dashboard describe secret $(kubectl -n kubernetes-dashboard get secret | grep admin-user | awk '{print $1}')
Name: admin-user-token-67z0w
Namespace: kubernetes-dashboard
Labels: <none>
Annotations: kubernetes.io/service-account.name: admin-user
              kubernetes.io/service-account.uid: fde4ac80-9a74-11eb-a02a-525400a4d001

Type: kubernetes.io/service-account-token

Data
====
ca.crt: 1025 bytes
namespace: 20 bytes
token: eyJhbGciOiJSUzI1NiIsImtpZCI6IiJ9.eyJpc3MiOiJrdWJlcm5ldGVzL3NlcnZpY2VhY2NvdW50Iiwia3ViZXJuZXRlcy5pby9zZXJ2aWNlYWNjb3VudC9uYW1lc3BhY2UiOiJrdWJlcm5ldGVzLWRhc2hib2FyZCIsImt1YmVybmV0ZXMuaW8vc2VydmljZWFjY291bnQvc2VjcmV0Lm5hbWUiOiJhZG1pbi11c2VyLXRva2VuLTY3ejB3Iiwia3ViZXJuZXRlcy5pby9zZXJ2aWNlYWNjb3VudC9zZXJ2aWNlLWFjY291bnQubmFtZSI6ImFkbWluLXVzZXIiLCJrdWJlcm5ldGVzLmlvL3NlcnZpY2VhY2NvdW50L3NlcnZpY2UtYWNjb3VudC51aWQiOiJmZGU0YWM4MC05YTc0LTExZWItYTAyYS01MjU0MDBhNGQwMDEiLCJzdWIiOiJzeXN0ZW06c2VydmljZWFjY291bnQ6a3ViZXJuZXRlcy1kYXNoYm9hcmQ6YWRtaW4tdXNlciJ9.YY9OfimSquvtEKDnZwq8YCQQi7NPoiGnCKqD6NVoGBhfgmZ3nTCgrIOr_pTdmAJEuBXTmAl2cJgC7px7RYWcw-YzC1RMvmfGS_Ry9LekDnOGzan0Wp4iK40yudICXv_4oV4V6H-N68mEiM7izwNgTfQr3kbH4iyKEc8JcvWaf18pNRqJQ0vnuNB6NA8gY2SyOq_ad_v0RkKa0Hj0V3oWh1qEKfrndDhe8DAAsRm6cf4eI0j3DZg4ogte7DAgAbBtc3xQ-IQ8JwIrQfeKW5Yi40WPvQv5nL8QQ5-TyRf75FXnykr9HRmZtESz9iv7hpgGtVvolxMmw95A6tnujvgnA

Name: istio.admin-user
Namespace: kubernetes-dashboard
Labels: <none>
Annotations: istio.io/service-account.name: admin-user

图 7-24　令牌输出结果

复制该令牌内容，在首页中输入该令牌，即可登录到 dashboard 中，如图 7-25 所示。

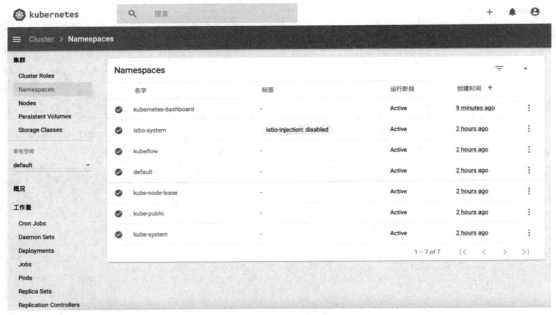

图 7-25　dashboard 页面

进入 Pods 的导航栏,可以看到刚才运行的命名为 nginx-test 的 Pod,如图 7-26 所示。

Pods						CPU 使用率(cores)	内存使用 (bytes)	创建时间	
名字	命名空间	标签	节点	状态	重启				
✓ nginx-test	default	app: web	worker01-node	Running	0	-	-	5 minutes ago	⋮

1 – 1 of 1　　|< 　 < 　 > 　 >|

图 7-26　dashboard-pods 页面

第十九步:新增 Node 节点与集群中的 Node 节点部署步骤相似。

(1)环境初始化,执行方法与技能点二的环境初始化相同。

(2)在节点安装 Kubelet、Kubeadm 和 Kubectl,执行方法与技能点三的 Kubernetes 集群安装步骤相同。

(3)将 node 节点加入集群,执行方法与技能点三的 Kubernetes 集群安装步骤相同。

但此时 Master 初始化时的令牌可能已经对集群无效或过了 2 个小时有效期,可以使用 kubeadm token create --print-join-command 命令来创建新的令牌,如图 7-27 所示。

```
[root@manager-node k8s]# kubeadm token create --print-join-command
kubeadm join 10.0.37.97:6443 --token mbbxtq.4exu0g7ch1fe3wen    --discovery-tok
en-ca-cert-hash sha256:ecaf8519442d3e1141bef865be2ab9c4acc5a67607224358457aeb19b
c7cba38
```

图 7-27　创建新令牌

(4)在出现图 7-28 所示结果后,在 Master 节点执行 kubectl get nodes,会出现新的节点信息。

```
[root@worker02-node ~]# kubeadm join 10.0.37.97:6443 --token mbbxtq.4exu0g7ch1fe
3wen    --discovery-token-ca-cert-hash sha256:ecaf8519442d3e1141bef865be2ab9c4a
cc5a67607224358457aeb19bc7cba38
[preflight] Running pre-flight checks
        [WARNING SystemVerification]: this Docker version is not on the list of
validated versions: 20.10.5. Latest validated version: 18.09
[preflight] Reading configuration from the cluster...
[preflight] FYI: You can look at this config file with 'kubectl -n kube-system g
et cm kubeadm-config -oyaml'
[kubelet-start] Downloading configuration for the kubelet from the "kubelet-conf
ig-1.14" ConfigMap in the kube-system namespace
[kubelet-start] Writing kubelet configuration to file "/var/lib/kubelet/config.y
aml"
[kubelet-start] Writing kubelet environment file with flags to file "/var/lib/ku
belet/kubeadm-flags.env"
[kubelet-start] Activating the kubelet service
[kubelet-start] Waiting for the kubelet to perform the TLS Bootstrap...

This node has joined the cluster:
* Certificate signing request was sent to apiserver and a response was received.
* The Kubelet was informed of the new secure connection details.

Run 'kubectl get nodes' on the control-plane to see this node join the cluster.
```

图 7-28　Node 节点加入集群

（5）在新节点安装网络插件，执行方法与技能点 4 Kubernetes 集群安装步骤相同。执行成功后，在 Master 节点执行 kubectl get nodes，新增加的节点状态为 Ready 则为成功，如图 7-29 所示。

```
[root@manager-node k8s]# kubectl get nodes
NAME            STATUS    ROLES     AGE      VERSION
manager-node    Ready     master    16m      v1.14.3
worker01-node   Ready     <none>    15m      v1.14.3
worker02-node   Ready     <none>    9m36s    v1.14.3
```

图 7-29　三节点集群信息

本项目通过对容器编排工具 Kubernetes 的安装部署扩容，使读者对容器编排有一定的了解，掌握 Kubernetes 的集群类型、集群架构和 Kubernetes 集群环境部署，并能够通过对配置方法的讲解完成 Kubernetes 集群安装和扩容。

orchestration	编排	cluster	集群
physical server	物理机	virtual server	虚拟机
hybrid	混合的	service	服务
label	标签	namespace	命名空间

1. 选择题

（1）（　　　）是 Kubernetes 提供的运行命令的方法。

A. Kubeadm　　　　　B. Kubetlet　　　　　C. Kubectl　　　　　D. MiniKube

（2）对 Kubernetes Node 节点描述不正确的是（　　　）。

A. 是主要的工作机器

B. 可以运行在物理机或虚拟机上，但不能运行在云上

C. 节点为 Pod 提供所有运行环境

D. 节点由 Master 管理

（3）（　　　）组件是运行在 Node 节点上的。

A. kube-proxy   B. kube-apiserver

C. kube-scheduler   D. Kube-controller-manager

（4）Kubernetes 集群数据存储在（   ）。

A. Kubelet   B. Etcd   C. Kube-apisercer   D. ReplicaSet

（5）（   ）是 Kubernetes 的最小控制单位。

A. Container   B. Pod   C. Service   D. ReplicaSet

2. 简答题

（1）简述 Kubernetes 与 Docker 的关系。

（2）简述 Kubernetes 的基本组成、作用及组件间的交互流程。